ARVED FUCHS
Blickpunkt Klimawandel

GEFAHREN UND CHANCEN

MIT BEITRÄGEN
FÜHRENDER
KLIMAFORSCHER

W0086500

Delius Klasing Verlag

Von Arved Fuchs sind darüber hinaus folgende Titel
im Delius Klasing Verlag erschienen:
Im Faltboot um Kap Hoorn
Von Pol zu Pol
Abenteuer russische Arktis
Wettlauf mit dem Eis
Abenteuer zwischen Tropen und ewigem Eis
Im Schatten des Pols
Kälter als Eis
Grenzen sprengen
Nordwestpassage
Die Spur der weißen Wölfe
Der Weg in die weiße Welt
South Nahanni
Kein Weg ist zu weit

Bibliografische Information der Deutschen Nationalbibliothek
Die Deutsche Nationalbibliothek verzeichnet diese Publikation
in der Deutschen Nationalbibliografie; detaillierte bibliografische
Daten sind im Internet über http://dnb.d-nb.de abrufbar.

1. Auflage
ISBN 978-3-7688-3131-4
© by Delius, Klasing & Co. KG, Bielefeld

Lektorat: Birgit Radebold
Layout: Gabriele Engel
Umschlaggestaltung: Buchholz/Hinsch/Hensinger, Hamburg
Reproduktionen: digital | data | medien, Bad Oeynhausen
Druck: Kunst- und Werbedruck, Bad Oeynhausen
Printed in Germany 2010

Delius Klasing Verlag, Siekerwall 21, D-33602 Bielefeld
Tel.: 0521/559-0, Fax: 0521/559-115
E-Mail: info@delius-klasing.de
www.delius-klasing.de

FSC
Mix
Produktgruppe aus vorbildlich
bewirtschafteten Wäldern und
anderen kontrollierten Herkünften
Zert.-Nr. SCS-COC-001914
www.fsc.org
© 1996 Forest Stewardship Council

www.natureOffice.com / DE-149-758453

Inhalt

Warum dieses Buch?

Ein Sonnenuntergang ist ein Sonnenuntergang!

Ein Vorgang, der sich jeden Tag wiederholt, der, den Naturgesetzen unterworfen, mal früher mal später stattfindet, der so selbstverständlich ist wie der Wechsel der Jahreszeiten, wie Ebbe und Flut, wie Sonne und Regen. Eine Selbstverständlichkeit eben und doch wird er unterschiedlich wahrgenommen. Darum geht es – um die Art der Wahrnehmung.

Ich habe unzählige Sonnenuntergänge bewusst erlebt. Ob auf hoher See, in den froststarrenden Packeisfeldern der Arktis oder – wenn auch weniger häufig – am Strand einer palmengesäumten Südseeinsel. Jedes Mal war ich gefangen von dem Erlebnis. Und natürlich habe ich ihn immer wieder fotografiert: diesen glutroten, ein wenig verschwommenen Feuerball, der sich erstaunlich schnell der Kimm nähert, abtaucht und endlich verschwindet, um ein Feuerwerk aus Pastelltönen an den Himmel zu zaubern, das nur zögernd der Nacht weichen will. Die Fotos schmeiße ich anschließend meistens weg, weil sie kitschig wirken und nicht in der Lage sind, die tatsächliche Stimmung zu transportieren. Diese Stimmung, die irgendwie stumm macht und den Betrachter unwillkürlich in ihren Bann zieht. Die für

Ästhetik und Schönheit, aber unterschwänglich auch für Vergänglichkeit steht. Das ist der Stoff, aus dem Träume gemacht sind. Es ist die subjektive Wahrnehmung eines Naturereignisses, das jeder Mensch in der ihm eigenen Form aufnimmt und verarbeitet. Es berührt uns und setzt Emotionen frei – mit Naturwissenschaft hat das nichts zu tun. Wer will schon bei der Betrachtung eines solchen Himmelsphänomens wissen, warum und wieso es so und nicht anders ablaufen kann? Die Fragestellung mag daraus resultieren, aber zunächst zählt nur der gelebte Moment, der den Nachhall in einem selbst auslöst und anrührt.

So ist es mir bei vielen Naturerlebnissen ergangen. Ich bin ein Erlebnisreisender, ein Träumer und auch ein Romantiker – zum Glück mit der nötigen Portion Realitätsbewusstsein ausgestattet, um in der Natur bestehen zu können. Mir ging es immer um die subjektive Wahrnehmung, die faktisch nicht falsch sein muss. Die Sonne geht tatsächlich unter, und der Himmel färbt sich nachweislich bunt. Ich belasse es nur nicht dabei, sondern sauge den Moment in mich auf. Ich lasse die Stimmungen zu und genieße den Moment.

Seit über 30 Jahren bereise ich intensiv die entlegensten Winkel dieser Erde und bin dadurch zwangsläufig auch zu einem sehr genauen Beobachter meiner Umgebung geworden. Das liegt zum einen daran, dass mich die Natur mit all ihren Facetten interessiert, und zum anderen, weil man ohne genaue Kenntnis der Naturgegebenheiten nicht in ihr bestehen kann. Zumindest nicht, wenn man so reist wie ich. Nämlich ohne Netz und doppelten Boden. Wenn ich auf dem Weg zum Nordpol bin und eine Wetteränderung oder eine Veränderung im Eis nicht rechtzeitig erkenne, dann kann das mein Ende bedeuten. Der Natur wäre das gleichgültig. Sie gibt die Spielregeln vor, und ich habe sie zu befolgen. Basta! Wenn ich sie nicht befolge, weil ich sie nicht erkenne oder einfach schlecht vorbereitet bin, muss ich die Konsequenzen tragen. So einfach ist das dort draußen. Wenn ich versage, bin ich der falsche Mann am Ort und gehe zugrunde. Mit dieser Konsequenz kann ich gut leben, ohne dass sie mir die Freude am Reisen verleiden könnte. Es liegt ja an mir, wie ich mir die Ziele setze. So bin ich eben zum sorgfältigen Beobachter geworden, wobei ich viele wichtige Entscheidungen unterwegs häufig aus dem Bauch heraus treffe. Dinge, die anders sind, als sie sein sollten, fallen mir unwillkürlich auf. Ich werde wachgerüttelt, bin alarmiert und registriere sie ähnlich einem Inuk, einem Buschmann oder Indianer – intuitiv. Die Veränderungen in der Natur, die durch uns Menschen verursacht sind, haben mich in meiner Wahrnehmung endgültig eingeholt. Ich kann sie nicht mehr ausblenden. Die Unbefangenheit, die Unbeschwertheit vergangener Jahre ist mir abhanden gekommen. Ich hätte sie gerne wieder, aber sie will sich nicht einstellen. Diese Veränderungen sind für mich zu einem zentralen Thema geworden.

Die Sensibilisierung der Wahrnehmung nimmt aber auch eine gewisse Eigendynamik an. Man schaut plötzlich nicht nur auf die unmittelbare Umgebung, sondern blickt gewissermaßen durch eine andere Brennweite, weitwinkliger, überregionaler. Auf die Arktis bezogen heißt das, ich betrachte nicht nur die Eisfelder um mich herum, sondern ich studiere und vergleiche Eiskarten der letzten Jahrzehnte. Ich lese intensiv Berichte über Veränderungen in der Natur – und das nicht nur in Bezug auf den polaren Raum. Ich stelle Übereinstimmungen mit meinen eigenen subjektiven Beobachtungen fest. Es mag apokalyptisch klingen, wenn über die Überfischung der Weltmeere, das Abholzen der tropischen Regenwälder sowie das weltweite Artensterben gesprochen wird. Und jetzt kommt auch noch das Klima dazu. Zugegeben, das klingt nach einem Haufen Problemen, die nicht leicht zu lösen sein werden. Aber den Kopf in den Sand zu stecken und so zu tun, als sei alles in bester Ordnung, hat sich noch nie als die richtige Verfahrensweise zur Problemlösung erwiesen. Warum also nicht offensiv – aber bitte sachlich – an das Problem herangehen? Wir sind doch gar nicht vor die Wahl totaler Verzicht oder Untergang gestellt. Getreu dem Motto »Houston, wir haben ein Problem« müssen wir unser Raumschiff Erde – um im Bild zu bleiben – durch einen gefährlichen Asteroidengürtel steuern. Wir haben die Wahl, den Autopiloten anzustellen und uns schlafen zu legen in der Hoffnung, dass wir irgendwie schon heil hindurchschliddern werden, oder aber die Ärmel aufzukrempeln, uns an den Steuerknüppel zu setzen und mit der gesamten Mannschaft die Gefahrenzone aktiv und mit Überlegung zu durchfahren.

Wenn ich mit meinem Segelschiff im Nordatlantik in einen schweren Sturm gerate, hilft es wenig, wenn ich mir einrede, dass sei alles gar nicht so schlimm. Ich muss die Lage vielmehr nüchtern analysieren und dann die notwendigen Schritte einleiten. Ebenso wenig hilft es aber auch, die

Hände zum Gebet zu falten, auf die Knie zu sinken und auf göttliche Hilfe zu warten. In der Praxis hat das meiner Kenntnis nach noch nie wirklich geholfen. Ich muss eingreifen, muss überlegt handeln, ich muss evtl. korrigieren und eine andere Sturmtaktik oder Strategie versuchen. Dazu bedarf es natürlich Know-how und eine gewisse Form des Pioniergeistes, die es einen ermöglicht, neue Wege zu beschreiten, um das Schiff sicher durch den Sturm zu bringen. Das Abarbeiten einer Checkliste hilft in solchen Situationen meist ebenfalls nur eingeschränkt. Dynamik, Erfindungsgeist, unkonventionelles Handeln sind gefordert. Mir mag es dabei zeitweise nicht gut gehen, aber das ist zweitrangig und vergeht wieder. Zunächst muss ich immer Herr der Lage bleiben. Wenn ich mir in dieser Situation ausmale, was alles Schreckliches passieren könnte, hilft das mir und der Mannschaft nicht wirklich weiter. Der Blick muss vielmehr nach vorn gerichtet sein und die Frage lauten: »Wie kommen wir hier heil raus?« »Think positive« muss die Devise heißen!

Die Probleme, vor die wir uns derzeit gestellt sehen, sind nicht unlösbar – so auch die eindeutige und ermutigende Aussage des IPCC-Reports des UN-Weltklimarates. Das ist die wirklich gute Nachricht. Die Endzeitstimmung ist daher völlig unangebracht. Es rast kein riesiger Komet auf uns zu, und wir zählen nicht die Tage bis zum Aufprall und infolgedessen zum Untergang. Aber wir müssen die Dringlichkeit der Situation erkennen und wahrnehmen und entsprechend gegensteuern. Wenn wir so weitermachen wie bisher, wird unsere Handlungsfreiheit durch die fortschreitende Entwicklung allerdings drastisch eingeschränkt werden. Es liegt also auch hier wieder an uns, wie wir mit dem Problem umgehen. Wir sollten die notwendige Kurskorrektur in unserem Umgang mit dem Planeten und den Ressourcen als eine Chance verstehen. Warum das so ist, wird ein Thema dieses Buches sein.

Das Thema Klimawandel polarisiert wie kaum ein anderes. Die einen – unterstützt durch einige Boulevardblätter und Katastrophenfilme à la Hollywood – malen ein düsteres Bild. Der auf einer Eisscholle sitzende Eisbär ist zur Symbolfigur der schmelzenden Polkappen geworden. Es herrscht

Sturmfahrt in der Irmingersee.
Hier kommt es auf Geschick und Können an.

ein wenig Endzeitstimmung. Flugzeuge sind für die einen Teufelszeug, Autos sowieso. Es lebe das Fahrrad und die Kartoffeln aus dem eigenen Garten. Diejenigen, die sich des Problems etwas pragmatischer annehmen und mahnend ihre Stimme erheben, gelten den Klimaskeptikern immer noch als Spaßbremse, als Miesepeter oder – ganz böse ausgedrückt – als »Umweltajatollahs«.

Die andere Seite stellt sich gerne als Fels in der Brandung dar, der dem Ansturm der Emotionen, der vermeintlich unbewiesenen Behauptungen und Unwahrheiten die Stirn bietet. Zwar ist die Zahl derjenigen, die den Klimawandel an sich infrage stellen, in erstaunlich kurzer Zeit geschrumpft – dafür konzentriert sich ihre Argumentation nun aber darauf, dass der Klimawandel ein natürlicher Vorgang sei, der mit CO_2-Emissionen rein gar nichts zu tun habe. Die These: »Klimawandel hat es doch schon immer gegeben«, oder: »Das bisschen CO_2 kann doch nichts bewirken«, ist ihr Lieblingsargument, das dann mit allerlei verwirrenden Zahlenspielen untermauert wird. Da werden Wärmeperioden des Mittelalters ebenso bemüht und aus dem Kontext gerissen wie Klimakurven unvollständig oder falsch dargestellt – das Internet ist voll damit. Sie stellen sich selbst gerne als eine Art letzte Bastion der Wahrheit dar. Man sollte daher sehr genau darauf achten, wer etwas sagt und woher die Zahlen stammen, doch davon wird später noch die Rede sein.

Zwar sind sich die meisten Regierungen über die Ernsthaftigkeit des Problems mittlerweile im Klaren und beginnen auch, darauf zu reagieren. Auf der Klimakonferenz von Bali aber kam es fast zu einem Eklat, als die Vertreterin der damaligen amerikanischen Delegation sich dem Druck der Argumente und der Delegierten nicht mehr widersetzen konnte und letztlich dem gemeinsamen Kommuniqué zustimmen musste. Die Nervenbelastung – und die Frage, wie ihr oberster Dienstherr die Entscheidung auffassen würde – war offenbar so groß, dass sie kollabierte und von einem Notarzt behandelt werden musste. Der politische Druck, etwas gegen den Klimawandel zu unternehmen, wächst auf allen Ebenen. Auf Konferenzen sah man bislang häufig wohlmeinende, bisweilen besorgte Gesichter – meist

Die Idylle trügt. Eisberge sind unberechenbar und können sich unvermutet drehen oder auseinanderbrechen.

Im Wechselspiel der Naturgewalten: die grönländische Küste.

blieb es jedoch lediglich bei Willensbekundungen. Anstatt Lösungsansätze zu erarbeiten wurde das Problem weiterhin verwaltet. Zudem fehlte es angeblich an Geld, tatsächlich aber wohl mehr noch an Einsicht und Willen, etwas zu verändern. Damit muss jetzt Schluss sein.

Politiker wollen wiedergewählt werden, Manager großer Unternehmen blicken auf kurzfristige Renditemöglichkeiten – was im Jahre 2020 sein wird, interessiert da herzlich wenig. Bisweilen herrscht auch mehr die Einstellung vor, dass sich durch den Klimawandel enorme Chancen für die Wirtschaft ergeben. Auf einer Konferenz des Auswärtigen Amtes in Berlin im Frühjahr 2009 lautete die Überschrift »New Chances and Responsibilities in the Arctic Region«. Der Schwerpunkt lag zweifelsfrei auf dem Stichwort »Chances« und weniger auf »Responsibilities«. Ob im Offshorebereich, im Schiffbau oder bei Bodenschätzen auf dem Festland – es herrscht Goldgräberstimmung bei den Nordpolraineerstaaten – die überwiegend negativen Folgen des Klimawandels werden geschickt ausgeblendet.

Wie viel Geld ist innerhalb kürzester Zeit von den Regierungen dieser Welt freigestellt worden, um die Auswirkungen der Wirtschaftskrise zu bekämpfen. In der Bundesrepublik wurde im Oktober 2008 innerhalb nur einer Woche ein Programm zur Rettung der Banken in Höhe von 500 Milliarden Euro durchs Parlament und den Bundesrat gebracht, um noch in derselben Woche vom Bundespräsidenten unterzeichnet zu werden. Das nenne ich engagiertes Handeln! Ich stelle die Maßnahme auch nicht infrage, ich wünsche mir nur, dass ein wenig von diesem mutigen Engagement auch für den Naturschutz zur Verfügung stünde. Die Zerstörung der Umwelt, die Veränderung des Klimas wird – davon bin ich überzeugt – noch ganz andere finanzielle Dimensionen erreichen als die Wirtschaftskrise. Doch für Klimaschutzmaßnahmen war vor der Krise angeblich kein Geld vorhanden und hinterher natürlich erst recht nicht. Die Aussage, dass die Wirtschaftsdaten stimmen und Arbeitsplätze gesichert werden müssen, kommt einer Bankrotterklärung gleich. Vergleichbar mit einer Gruppe Schiffbrüchiger, die trefflich darüber streitet, wie die verbliebenen Wertgegenstände des sinkenden Schiffes untereinander aufgeteilt werden, anstatt sich erst einmal darum zu kümmern, das Leck zu stopfen und sicheren Boden unter den Füßen zu bekommen. Danach kann man sich immer noch über die Verteilung streiten.

Wo also liegt die Wahrheit bei dieser Diskussion? Worin bestehen die Chancen, von denen ich sprach? Worin die Gefahren, wenn wir nicht reagieren? Ich behaupte nicht, die Antworten auf diese Fragen zu kennen. Aber ich versuche mich sachkundig zu machen. Stellvertretend für andere möchte ich Fragen aufwerfen, die von Experten – den Koautoren dieses Buches – beantwortet werden. Und ich möchte ein wenig Mut und Lust machen, sich mit dieser Materie zu befassen. Sie ist keinesfalls trocken und unverständlich. Sie ist vielmehr höchst spannend, weil wir jetzt noch entscheidende Weichenstellungen treffen können. Es ist für mich nichts weniger als der Aufbruch in ein neues Zeitalter und zu einem neuen Naturverständnis.

Deshalb gibt es dieses Buch.

Die Nordostpassage

Als wir im Sommer 2002 mit unserem Segelschiff DAGMAR AAEN die norwegische Küste Richtung russischer Grenze entlangsegelten, hatte ich ein mulmiges Gefühl im Bauch. Wir segelten diese Strecke nicht zum ersten Mal, und auch die Zielsetzung war jedes Mal die gleiche gewesen: die Durchfahrung der Nordostpassage oder – wie die Russen sagen – des nördlichen Seeweges. Dreimal waren wir an dem Vorhaben gescheitert. Dreimal war das Eis für uns ein übermächtiger Gegner gewesen. Wer scheitert schon gerne ein viertes Mal an ein und derselben Aufgabe? Insofern ging ich den neuen Versuch mit sehr gemischten Gefühlen an. Ein Jahr lang hatten wir mit den russischen Behörden verhandelt, um die nötigen Genehmigungen zu bekommen, und bisweilen erschien mir das Eis der russischen Bürokratie noch undurchdringlicher als das des Arktischen Ozeans. Die bürokratischen Hürden hatten wir schließlich genommen, nun sollte sich zeigen, wie wir dieses Mal mit dem Packeis zurechtkommen würden.

Das Thema Klimawandel fand in jenem Jahr 2002 in den Medien und in der Öffentlichkeit weitgehend noch nicht statt. Es gab zwar einige Wissenschaftler, die sich zu Wort meldeten und Warnungen aussprachen, aber das verpuffte meistens ungehört. Es gab ferner die wissenschaftlichen Gremien wie das IPCC des UN-Weltklimarates, die ihre Berichte vorlegten und in denen auch für Laien die Sachverhalte in verständlicher Form dargestellt wurden. Nur machte damals kaum jemand davon Gebrauch. Und um ehrlich zu sein, auch ich mochte nicht so recht an einen von Menschen verursachten Klimawandel glauben. Dass es im arktischen Raum während der vorangegangenen Jahre gewisse Veränderungen gegeben hatte, war mir natürlich aufgefallen. Aber wer sind wir Menschen, als dass wir meinten, das Klima der Erde verändern zu können? Diese These schien mir damals denn doch ein wenig zu gewagt. Aber gespannt war ich natürlich doch, ob die angebliche Klimaerwärmung unseren neuerlichen Versuch, die Nordostpassage zu durchfahren, begünstigen würde. Ja, ich hoffte sogar inbrünstig darauf. Ein bisschen weniger Eis wäre gut für uns – und für die Natur hätte ein Weniger an Eis wohl kaum gravierende Folgen. Dachte ich. Und stand damals mit dieser Einschätzung ganz offenbar nicht allein da.

Diese Durchfahrung der Passage sollte für mich zu einer Art Schlüsselerlebnis werden und vieles auf den Kopf stellen.

Die Verwaltung des Nördlichen Seeweges hat ihren Sitz in Moskau. Mehrfach waren wir dort vorstellig geworden, um die offiziellen Genehmigungen einzuholen. Wir waren ja keine Unbekannten, außer uns hatte noch kein Segelschiff so hartnäckig versucht, die Passage zu bewältigen. Zwar hatten wir uns bei den vorangegangenen, gescheiterten Versuchen immer wieder allein und aus eigener Kraft aus dem Eis befreien können, aber beim letzten Versuch 1994 war es knapp gewesen. In der berüchtigten De-Long-Straße waren wir in schwere Eispressungen geraten, in deren Verlauf wir nur mit großer Mühe und einem beschädigtem Schiff den Rückzug antreten konnten. Das wussten natürlich auch die Beamten in Moskau, und entsprechend negativ fielen ihre Prognosen für den neuerlichen Versuch aus. Wir würden wieder scheitern, so ihre unerschütterliche Einschätzung, vielleicht sogar das Schiff verlieren. Das ganze Gerede von dem angeblichen Klimawandel und dem damit einhergehenden Rückgang des Eises sei nichts als Unsinn – unser Gesprächspartner spie die Worte geradezu aus, und sein verächtlicher Gesichtsausdruck unterstrich diese Einschätzung. So, wie man einem scheinbar unbelehrbaren Kind seinen Willen lässt,

Unweit von Kap Tscheljuskin stecken wir
im September 1992 im schweren Packeis fest.

Meereis, das im vorangegangenen Winter entstanden ist und jetzt in unterschiedliche Schollen zerbricht.

erteilte man uns schließlich die Genehmigungen, verbunden mit umfangreichen Auflagen.

Als östlich der sogenannten Karastraße die ersten dichten Eisfelder auftauchten, musste ich an die Worte der Moskauer Beamten zurückdenken. Aber irgendwie fanden wir immer wieder eine Lücke zwischen den einzelnen Eisschollen, durch die wir das Schiff hindurchsteuern konnten, und zwei Tage später befanden wir uns wieder im offenen Gewässer. Eine weitere Schlüsselstelle der Passage, das sogenannte Nordenskjöldarchipel, an dem wir 1992 gescheitert waren, hielt zwar einige Hindernisse in Form von dichten Eisfeldern für uns parat, aber auch die waren im Vergleich zu den Vorjahren relativ leicht zu bewältigen. Das eigentliche Hauptproblem der Passage, das berüchtigte Kap Tscheljuskin, das zugleich das nördlichste Kap Eurasiens ist, präsentierte sich uns hingegen völlig eisfrei. Unbedrängt von irgendwelchen verirrten Eisschollen, konnten wir sogar am Kap ankern und der russischen Station an Land einen Besuch abstatten. Ich war vor Jahren bereits einmal mit dem Hubschrauber zum Kap geflogen – das war im Winter gewesen. Der Schnee hatte damals die Hinterlassenschaften des maroden Sowjetsystems gnädig zugedeckt. Jetzt, im Sommer, wirkte der Ort völlig verändert. Der Permafrostboden war weiträumig angetaut, und überall schillerten in den unzähligen Pfützen Öllachen, die von lecken und durchgerosteten Öltanks stammten. Der gesamte Landstrich stank penetrant nach Dieselöl. Die arktische Landschaft war gespickt mit einem Sammelsurium aus verrotteten Ölfässern, verfallenen Kasernen und Militäreinrichtungen, zerstörten Lkws und Kanonen. Verächtlicher kann »Mensch« mit der Ressource Natur kaum umgehen. Kein Ort, um länger zu verweilen. Wir waren froh, als wir wieder zurück an Bord waren. Die Eisfelder der Laptevsee östlich vom Kap Tscheljuskin konnten wir in Küstennähe umfahren, der Weg in die nahezu verlassene Hafenstadt Tiksi im Mündungsbereich der Lena war frei und verlief – abgesehen von zahlreichen Wracks, die in keiner

Die Hinterlassenschaften der Sowjetunion am Kap Tscheljuskin.

Tschuktschen auf der Jagd nach Walrossen vor der sibirischen Küste.

Seekarte verzeichnet waren – ohne weitere Hindernisse. Tatsächlich sollte das Eis der Laptevsee mit Ausnahme vereinzelter Eisschollen das letzte auf der Passage bleiben. Der gesamte Osten der Passage, einschließlich der sonst so schwer zugänglichen Wrangelinsel, war eisfrei. Als wir am 6. September 2002 das Kap Deschnjew querab hatten und die Beringstraße erreichten, konnten wir unser Glück kaum fassen. Im vierten Anlauf hatten wir die legendäre Nordostpassage in nur einer Saison durchfahren und waren damit zugleich das erste Schiff, dem es gelungen war, den gesamten Nordpol aus eigener Kraft zu umsegeln. Die Nordwestpassage hatten wir bereits 1993 erfolgreich durchfahren.

In den der Expedition vorangegangenen Monaten, in denen immer wieder die Sorge und die Zweifel an uns nagten, trösteten wir uns mit dem Gedanken, dass wir nach der erfolgreichen Durchfahrung – sozusagen als Belohnung – mit direktem Kurs nach Süden segeln würden. Elf Jahre hatten wir nahezu ohne Unterbrechungen immer wieder Expeditionen in die Arktis oder Antarktis unternommen – jetzt war es endlich an der Zeit, mal wieder ein wenig Südseeluft zu schnuppern. Die Vision von palmengesäumten Stränden, vor denen das Schiff vor Anker liegt; die Vorstellung, in Badehose die Deckswache anzutreten oder einfach von Bord aus ins Wasser zu springen, ohne sich Gedanken über die Temperatur machen zu müssen, die Vision von palmengesäumten Sandstränden, das alles hatte schon eine sehr verlockende Anziehungskraft. Immer wenn das Wetter besonders stürmisch und kalt war, kam ganz bestimmt jemand aus der Crew mit dem Hinweis: Wartet nur ab, bald liegt Hawaii recht voraus.

Als wir aber den Überwinterungshafen Sitka in Alaska erreicht hatten, verblasste die Vision der einsamen Südseeinsel plötzlich und bekam einen eher schalen Beigeschmack. Zwischenzeitlich war die Freude über die Durchfahrung der Nordostpassage einer Ernüchterung gewichen. Warum hatte das plötzlich so einfach geklappt? An uns oder dem Schiff lag es jedenfalls nicht. Weder hatten wir ein Patentrezept entdeckt, dass es uns ermöglichte, neue, bislang unbekannte Routen im Eis ausfindig zu machen, noch hatten wir die DAGMAR AAEN mit einem modernen Eisbrecher getauscht. Alles war so wie immer – offenbar mit Ausnahme der Naturverhältnisse. Es hatte einfach viel weniger Eis gegeben als in den 1990er-Jahren. Das war der alleinige Grund für unseren Erfolg gewesen. Unser erster Versuch lag im Jahre 1991, der zweite ein Jahr später, 1992, und der dritte war 1994 gewesen. Im Vergleich zu den drei vorangegangenen Versuchen hatten wir 2002 das Gefühl, in einer ganz anderen Region unterwegs gewesen zu sein. Nicht nur was die Eisbedeckung betraf, auch das Wettergeschehen war offenbar ein anderes geworden. Die Tiefdrucksysteme hatten ihre Zugbahnen nördlicher als gewöhnlich genommen. Damit einhergehend entstand stürmisches Wetter, was in dieser Intensität für die Sommermonate ungewöhnlich war. Wir sprachen verschiedentlich mit der Bevölkerung über dieses Phänomen. Unter anderem waren wir vor der kleinen Tschuktschensiedlung Enurmino vor Anker gegangen. Slava, unser russisches Crewmitglied, diente dabei als Übersetzer. Internet, Radio oder Fernsehen gab es nicht in dem Ort. Und seit dem Zusammenbruch der Sowjetunion war auch der letzte Politoffizier abgezogen worden. Die Tschuktschen lebten wieder ganz auf sich allein gestellt, abgeschnitten von der großen Weltpolitik und den Medien. Wir fragten einen älteren Tschuktschen, ob er schon mal was vom Klimawandel gehört hätte. Kopfschütteln, kichern, was so viel bedeutete wie, »was diese Weißen wohl schon wieder damit meinen«. Andersherum gefragt: Ob er gewisse Veränderungen in der Natur während der letzten Jahrzehnte habe feststellen können. Bei dieser Frage wurde er ernst und nachdenklich. »Ja«, antwortete er nach einigem Nachdenken. »Ich fange hier plötzlich Fische, für die wir nicht einmal einen Namen haben. Und die, die wir immer gefangen haben, bleiben aus. Aber die anderen können wir ja auch essen«, fügte er schnell hinzu. Ganz pragmatisch sah er auch andere Veränderungen. Das Wetter sei stürmischer geworden, und auf das Eis sei auch nicht mehr richtig Verlass. Es komme später und gehe früher, es sei auch dünner als früher, aber »wir Tschuktschen sind gewohnt, mit der Natur umzugehen«.

An anderer Stelle, bei einem ähnlichen Gespräch, wies uns ein Einheimischer in Tschukotka darauf hin, dass sich die Vegetation verändere. Pflanzen, die es sonst nur weiter im Süden gegeben habe, träten jetzt plötzlich auch im Norden auf. Das sei sehr ungewöhnlich, versicherte er uns.

Ich bin mir völlig darüber im Klaren, dass diese Gespräche oder unsere Erfahrungen bei der Durchfahrung der Nordostpassage keine repräsentative Umfrage oder Auswertung darstellen und keiner wissenschaftlichen Betrachtung standhalten. Das war auch nicht die Absicht. Es geht hier vielmehr um das, was ich eingangs als die »subjektive Wahrnehmung« bezeichnet habe, um unsere Eindrücke also. Die Tschuktschen empfinden die Veränderungen tatsächlich so – ohne von der öffentlichen Diskussion, wie sie bei uns geführt wird, etwas zu erahnen.

Unsere Counterparts bei der Behörde in Moskau waren ebenfalls über unseren Erfolg nachhaltig überrascht – ob freudig oder nicht, ließ sich nicht feststellen. Das einzugestehen wäre in ihren Augen vermutlich mit einem völligen Gesichtsverlust verbunden gewesen. So mühte man sich redlich, den Erfolg zu relativieren. Wir hätten einfach Glück gehabt, das sei ein ungewöhnlich günstiges Eisjahr gewesen und so etwas würde sich mit Sicherheit nicht wiederholen und so weiter. Zu diesem Zeitpunkt hatte ich bereits heftige Zweifel an der Einschätzung der Moskauer Beamten. Das Studium der Eiskarten über die zurückliegenden Jahre ließ eine Tendenz erkennbar werden. Und mit einem Mal stellte sich für uns die Frage, ob sich Ähnliches wie in der Nordostpassage auch in der Nordwestpassage abzeichnen würde – dem nordamerikanischen Pendant zur russischen Nordostpassage. So

Kochen über dem offenen Feuer – für diese tschuktschische Frau normaler Alltag.

unglaublich es klingen mag und so verlockend das Traumbild der Südseeinsel vor unserem geistigen Auge stand – wir entschieden uns spontan, alle
Südseeambitionen über Bord zu werfen und noch einmal durch die Nordwestpassage zu segeln. Genau 100 Jahre nach dem Erstbefahrer Roald
Amundsen und genau zehn Jahre nach unserer eigenen Durchfahrung
wollten wir es erneut versuchen. Kein Mensch, der ganz bei Trost ist, lässt
sich ein zweites Mal auf ein solches Abenteuer ein. Die Nordwestpassage
ist nicht ohne Grund zu einem Mythos geworden. Sie einmal erfolgreich zu
durchfahren dürfte an Erfahrung ein Leben lang reichen. Hätte mir jemand
zehn Jahre zuvor gesagt, ich würde es ein zweites Mal versuchen, hätte ich
ungläubig abgewinkt. Aber unserem neuerlichen Versuch lag auch etwas
völlig anderes zugrunde als 1993: Damals ging es um das Abenteuer, die
Herausforderung an sich. Es ging um die hohe Kunst, mit einem kleinen,
hölzernen Segelschiff über Tausende von Kilometern einen Weg durch die
Eisfelder zu finden. Eine Fehleinschätzung, eine Unachtsamkeit, und man
verliert sein Schiff. Ich habe die Eisnavigation immer mit einem Schachspiel

verglichen. Indem man ins Eis hineinfährt, macht man den Eröffnungszug. Die Natur reagiert auf ihre Art. Ein Remis oder ein Sich-Zurückziehen gibt es bei dieser Partie nicht. Entweder man gewinnt oder verliert.

Bei dem neuerlichen Versuch wollten wir weder uns noch sonst irgendjemanden etwas beweisen – wozu auch. Wir hatten schon den gesamten Nordpol umsegelt. Die Aufgabe war bereits erfüllt. Wir wollten vielmehr unsere Möglichkeiten und unser Know-how einsetzen, um Recherche zu betreiben. Mit einem kleinen Schiff wie der DAGMAR AAEN zu reisen bedeutet, Zugang zu Regionen zu finden, in die man sonst nie gelangen würde. Zudem wirkt dieses klassische Segelschiff wie ein Magnet auf die Menschen vor Ort. Wo immer wir anlegen oder vor Anker gehen, kommen Besucher heran, um das Schiff zu betrachten. Die Menschen finden das Schiff einfach schön und sympathisch. Die Crew interessiert da zunächst weniger. Die Besucher werden neugierig, stellen Fragen und lernen auf diese Art und Weise auch die Mannschaft kennen. Von dort ist es dann nur ein kleiner Schritt, um Zugang zu der Bevölkerung zu finden. Wer mit so einem kleinen Schiff den weiten Weg durchs Eis gekommen ist, dem unterstellt man bereitwillig ein großes Interesse an Land und Leuten. Im Gegensatz zu einem Touristen, der mal kurzfristig einfliegt und ein paar Fotos macht, werden wir in der Regel von der Bevölkerung akzeptiert. Man redet gewissermaßen auf Augenhöhe miteinander, und deshalb eröffnen sich auch viele Möglichkeiten. Mit ein wenig Einfühlungsvermögen gewinnt man schnell das Zutrauen der Menschen.

Die zentrale Frage, die sich für uns stellte, war: Verändert sich die Nordwestpassage ebenfalls, oder bleibt das ein lokales russisches Phänomen? Was sagt die indigene Bevölkerung dazu? Sieht man Veränderungen an Land? Sind Veränderungen augenscheinlich oder nur in komplizierten Messreihen feststellbar – wenn überhaupt? Also segelten wir mit dieser Aufgabenstellung im Sommer 2003 erneut durch die Beringstraße und bogen dann – um es salopp zu sagen – rechts ab Richtung Alaska und Nordwestpassage. Die Südseeträume wanderten weit achteraus und verschwanden im Kielwasser. Wir waren gespannt, was uns erwarten würde.

Zeitgleich stieg ich tiefer in die Materie ein. Ich las alle Veröffentlichungen zum Thema Global Warming, derer ich habhaft werden konnte. Ich sprach mit Wissenschaftlern, hörte die Gegenargumente, die besagten, dass es gar keinen Klimawandel gebe, sondern nur Klimaschwankungen, und dass dies ein völlig normaler Vorgang sei. Das ließ aber trotzdem Fragen offen. Warum und wieso sollte sich ein Klimawandel so schnell und drastisch vollziehen können? Lediglich durch CO_2-Emissionen? Oder waren dafür vielleicht ganz andere Ursachen verantwortlich? Etwa die variierende Sonnenaktivität? Und wie verlässlich sind eigentlich die sogenannten Klimamodelle? Welchen Grundsätzen folgen sie? Lässt sich damit wirklich in die Zukunft blicken und Entwicklungen abschätzen oder wäre das geradezu ein prophetisches Unterfangen? Steckt da womöglich eine Strategie dahinter? Wird mit den wachsenden Ängsten der Menschen kokettiert, um irgendeinen Nutzen daraus zu ziehen? Es war gar nicht so einfach, sich selbst ein Bild von der Sachlage zu machen. Schon waren die absonderlichsten Verschwörungstheorien zu vernehmen. Hollywoodfilme à la »The Day After Tomorrow« inszenierten in aufwendigen Computeranimationen, wie innerhalb weniger Tage ganz Nordamerika unter gigantischen Flutwellen und danach in Schnee und Eis versinkt. Diese Horrorszenarien trieben den Zuschauern in ihren komfortablen Kinosesseln wohlig gruselige Schauer über den Rücken. Mit den Klimamodellen hatte das hingegen herzlich wenig zu tun. Selbst wenn es im arktischen Raum so etwas wie eine Klimaerwärmung gab – hatte das auch Auswirkungen auf den Rest der Welt? Was kann schon so schlimm daran sein, wenn dort oben das Eis schmilzt? Überwiegen nicht sogar die Vorteile, wie etwa der Zugang zu neuen Bodenschätzen oder die Verwirklichung des lang gehegten Menschheitstraumes, eine reguläre Schifffahrtslinie durch die Nordwest- und Nordostpassage zu eröffnen? Warum brauchen wir überhaupt das Eis? Auch Europa lag doch schon während der Eiszeiten unter einer soliden Eisdecke. Erst nach dessen Abtauen konnte sich eine Kulturlandschaft, wie wir sie kennen, ausbilden. Also alles Medienzinnober und unsinnige Angstmache?

Ich begriff: Um diesen Fragen wirklich nachgehen zu können, muss man zunächst einmal verstehen, was zurzeit in der Atmosphäre eigentlich vor sich geht und wieso die ganz große Mehrzahl der Wissenschaftler überhaupt zu so alarmierenden Ergebnissen kommt. Die Basis sozusagen ist das Wissen, über welche Zeitdimensionen wir eigentlich sprechen und wie die Klimageschichte insgesamt verlaufen ist. Die virtuelle Zeitreise des nächsten Kapitels gibt darauf ebenso fundiert wie unterhaltsam Antwort.

Natürlicher Klimawandel

Dirk Notz

Vor fast fünf Milliarden Jahren trug sich an einer völlig unbedeutenden Ecke des Universums ein zunächst völlig unbedeutendes Ereignis zu: Eine Druckwelle, ausgelöst wahrscheinlich durch die Explosion eines nahe gelegenen Sterns, lief durch eine gigantische Staubwolke. Die Zusammensetzung dieser Staubwolke war kosmologisch gesehen nicht ungewöhnlich, sie bestand zu über 99 % aus Wasserstoff und Helium. Den Rest bildeten winzige Partikel und Moleküle, die bei früheren Sternexplosionen entstanden waren, darunter Wasser, Silizium und Kohlendioxid. Aufgrund der Druckwelle löste sich die Staubwolke in mehrere einzelne Wolken auf, die sich im Laufe der Zeit zu Sternennebeln verdichteten. Auch daran war zunächst nichts Ungewöhnliches, allein in unserer Milchstraße sind Abermillionen von Sternen auf ähnliche Art und Weise entstanden.

Und dennoch war jenes Ereignis vor fast fünf Milliarden Jahren außergewöhnlich: In der Nähe eines jener neu entstandenen Sterne bildete sich nämlich seinerzeit ein Planet, auf dem flüssiges Wasser existieren konnte. Und dieses flüssige Wasser machte jenen Planeten zu etwas sehr Besonderem: zum einzigen bekannten Ort in der gigantischen Weite des Universums, an dem sich mit Sicherheit Leben entwickeln konnte.

Dass schon bald nach der Entstehung jenes »Erde« genannten Planeten an seiner Oberfläche Temperaturen herrschten, die die Bildung von flüssigem Wasser und damit die Entwicklung von Leben ermöglichten, ist unter anderem der genau passenden Kombination von drei Faktoren geschuldet: erstens dem Abstand der Erde zur Sonne, zweitens der Leuchtkraft der Sonne und drittens der Zusammensetzung der Erdatmosphäre. Während der Abstand zwischen der Erde und der Sonne seit der Bildung des Sonnensystems weitestgehend unverändert geblieben ist, waren die beiden anderen Faktoren teilweise erheblichen Schwankungen unterworfen, die immer wieder zu einschneidenden Veränderungen des Erdklimas geführt haben. So gab es Zeiten, in denen die Erdoberfläche fast komplett von Schnee und Eis bedeckt war, dann wieder lag selbst in den Polargebieten die Temperatur für Millionen von Jahren deutlich über dem Gefrierpunkt.

Im Folgenden soll dieser natürliche Klimawandel, dem das Leben auf unserer Erde seit seinen Anfängen unterworfen ist, nachgezeichnet werden. Es soll aber auch gezeigt werden, wie das Leben selbst seit Milliarden von Jahren zu Veränderungen der Erdatmosphäre beigetragen und somit wiederum das Klima entscheidend beeinflusst hat. Nur durch einen so umfassenden Blick scheint es möglich, den vom Menschen verursachten Klimawandel in eine angemessene Perspektive zu setzen und so die wahre Tragweite unseres derzeitigen Handelns tatsächlich zu verstehen.

Die Zeiträume, die wir auf einer solchen Zeitreise betrachten wollen, sind unvorstellbar groß: Die meisten Menschen haben Schwierigkeiten, sich eine Zeitspanne vorzustellen, die länger als ihr eigenes Leben ist. Kaum jemand kann daher etwas mit Zeitspannen wie »vor einer Milliarde Jahren«, »vor einer Million Jahren« oder auch nur »vor 600 Jahren« anfangen. Es scheint daher sinnvoll, die bisherige Entwicklung der Erde seit ihren Anfängen vor 4,6 Milliarden Jahren auf ein einzelnes Jahr umzurechnen, das wir im Folgenden das »Erdjahr« nennen werden: Die Bildung der Erde hätte dann um 00:00 am ersten Januar stattgefunden, und jetzt wäre es Mitternacht am 31. Dezember. Eine solche Umrechnung macht es einfacher, die verschiedenen Zeitskalen zueinander in Beziehung zu setzen, und erlaubt es, eine deutlich bessere Vorstellung der bisherigen Klimaentwicklung zu bekommen.

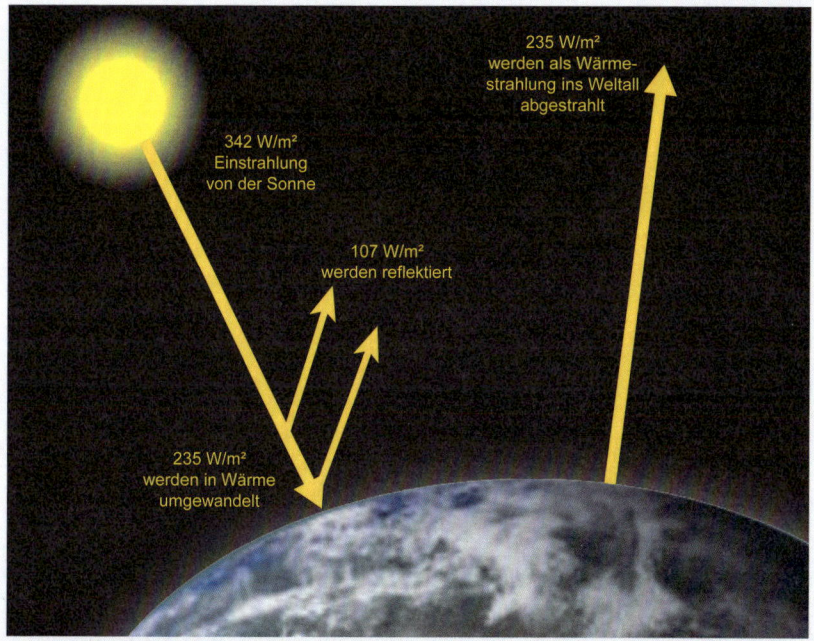

342 W/m²
Einstrahlung
von der Sonne

107 W/m²
werden reflektiert

235 W/m²
werden in Wärme
umgewandelt

235 W/m²
werden als Wärme-
strahlung ins Weltall
abgestrahlt

Abb. 1: Vereinfachte Darstellung der Energiebilanz der Erde ohne Treibhauseffekt. Die Gleichgewichtstemperatur der Erde ergibt sich in diesem Fall direkt aus der Energie, die als Wärme in das Weltall abgestrahlt wird. Ohne Treibhauseffekt betrüge diese Gleichgewichtstemperatur heutzutage etwa −18 °C.

Über die ersten Monate dieses Erdjahres wissen wir relativ wenig. Aber die wenigen Dinge, die wir wissen, sind spektakulär genug. So wissen wir zum Beispiel, dass sich wenige Wochen nach seiner ursprünglichen Bildung der anfangs noch glühend heiße Erdball weit genug abgekühlt hatte, um die Bildung von Wasser zu ermöglichen. Die ersten Spuren von flüssigem Wasser auf der Erde lassen sich auf ein Alter von knapp 4,3 Milliarden Jahren oder umgerechnet auf den 24. Januar des Erdjahres datieren. In den darauf folgenden Wochen des Erdjahres kühlte sich die Erde immer weiter ab, bis die Temperatur an der Erdoberfläche etwa der sogenannten Strahlungsgleichgewichtstemperatur entsprach. Dieses Wort beschreibt eine Temperatur, bei der die Erde genauso viel Energie ins Weltall abgibt, wie sie von der Sonne erhält – eine Temperatur also,

bei der sich die Erde im Jahresmittel nicht mehr wesentlich abkühlt oder aufheizt. In der Frühzeit des Sonnensystems schien die Sonne allerdings etwa 30 % schwächer als heute. Man könnte also vermuten, dass damals auch die Gleichgewichtstemperatur der Erde deutlich niedriger gewesen sein müsste als heute. Eine einfache Rechnung, bei der das Vorhandensein der Erdatmosphäre größtenteils vernachlässigt wird, ergibt sogar, dass die Erde damals so kalt gewesen sein müsste, dass sie als völlig vereister Schneeball durchs All gekreist wäre. Und auch für heutige Bedingungen ergibt eine solche einfache Berechnung, dass die Erde immer noch etwa –18 °C kalt sein müsste – gäbe es da nicht den sogenannten Treibhauseffekt, der bei dieser einfachen Berechnung außer acht gelassen worden ist.

Dieser Treibhauseffekt hängt damit zusammen, dass die Erdatmosphäre einen Großteil der Wärmestrahlung, die von der Erdoberfläche abgegeben wird, aufnimmt und zur Erdoberfläche zurückwirft. Im Gleichgewicht erhält die Erdoberfläche also nicht nur Energie von der Sonne, sondern auch Energie in Form von Wärmestrahlung aus der Atmosphäre. Dieser Treibhauseffekt, der übrigens trotz seines Namens nur wenig mit der Funktionsweise eines normalen Treibhauses zu tun hat, führt zu einer zusätzlichen Erwärmung der Erdoberfläche und macht so Leben auf der Erde überhaupt erst möglich. Verursacht wird der Treibhauseffekt von Treibhausgasen in der Erdatmosphäre, zu deren wichtigsten Wasserdampf, Kohlendioxid und Methan zählen. Während Stickstoff und Sauerstoff als Hauptbestandteile der Luft die Wärmestrahlung der Erdoberfläche nahezu ungehindert passieren lassen, nehmen die Treibhausgase diese Strahlung sehr effektiv auf und strahlen sie zur Erdoberfläche zurück. Obwohl heutzutage unter einer Million Luftmolekülen weniger als 400 Moleküle Kohlendioxid und nicht einmal zwei Moleküle Methan zu finden sind, führen die Treibhausgase dazu, dass die Temperatur der Erde heute im Mittel nicht bei den oben berechneten –18 °C, sondern bei +15 °C liegt.

Es ist nahezu unmöglich, sich den Stimmungen zu entziehen. Sonne, Licht und Eis bilden immer wieder neue Kompositionen.

In der Frühzeit der Erdgeschichte war die Konzentration der Treibhausgase in der Atmosphäre deutlich höher als heute, sodass die Temperatur der Erde seinerzeit vermutlich sogar bei fast +25 °C lag – und das, obwohl die Sonne wie erwähnt damals deutlich schwächer schien als heute. Dass sich schon früh in der Erdgeschichte flüssiges Wasser auf der Erde bilden konnte, ist also dem damals viel stärkeren Treibhauseffekt zu verdanken. Dieses Wasser bedeckte im gesamten Februar des Erdjahres in zahllosen warmen Tümpeln die Oberfläche der jungen Erde.

Irgendwann gegen Ende Februar (also vor über 4 Milliarden Jahren) trug sich in einem jener Tümpel ein Ereignis zu, dessen Bedeutung gar nicht hoch genug eingeschätzt werden kann: In jenem Tümpel schloss sich eine Reihe organischer Moleküle so zusammen, dass sich die entstehende Struktur selbst vervielfältigen konnte. Aus diesem »Protobiont« genannten Zusammenschluss entwickelten sich im Laufe der nächsten Wochen des Erdjahres die ersten echten Bakterien. Die ersten Spuren solcher Bakterien lassen sich heute auf ein Alter von mindestens 3,8 Milliarden Jahren datieren, umgerechnet auf das Erdjahr gibt es also spätestens seit dem 5. März Leben auf der Erde. Diese ersten Bakterien lebten auf einer Erde, deren Atmosphäre so gut wie keinen Sauerstoff enthielt, ihre Energiegewinnung fand daher unter anaeroben, also sauerstofffreien Bedingungen statt. Erst Ende März des Erdjahres entwickelten sich Cyanobakterien, die zur Energiegewinnung Wassermoleküle aufspalteten und dabei Sauerstoff erzeugten. Dieser Sauerstoff war für die weitere Entwicklung von Leben auf unserer Erde von großer Wichtigkeit: Obwohl der Großteil dieses Sauerstoffs im Gestein der Erde gebunden wurde, gelangte doch immer noch genug in die ursprünglich völlig sauerstofffreie Atmosphäre, um schließlich eine rudimentäre Atmung und so die Entwicklung von Leben an Land zu ermöglichen. Ein Teil des Sauerstoffs wurde in der Erdatmosphäre zu Ozon, das in den höheren Schichten der Atmosphäre dafür sorgt, die für Lebewesen schädliche ultraviolette Strahlung der Sonne in ungefährlichere Strahlung umzuwandeln. Allerdings stieg der Sauerstoffgehalt der Atmosphäre nur sehr, sehr langsam. Als sich vor etwa 2 Milliarden Jahren, also Ende Juli des Erdjahres, die ersten Zellen mit Zellkern bildeten, betrug der Sauerstoffgehalt der Atmosphäre nur etwa ein Hundertstel des heutigen Wertes.

Es dauerte nicht zuletzt aufgrund dieses geringen Sauerstoffanteils der Atmosphäre noch einige Zeit, bis das Leben den Sprung an Land schaffen konnte; zuvor waren noch einige Widrigkeiten zu überstehen: Nachdem sich irgendwann im August oder September (vor 1,5–2 Milliarden Jahren) die ersten primitiven Mehrzeller entwickelt hatten, legte sich nach heutigem Kenntnisstand vor etwa 650 Millionen Jahren für mehrere Millionen Jahre ein gigantischer Eispanzer über die Erdoberfläche. Die Erde war – auf das Erdjahr umgerechnet – Anfang November für fast 24 Stunden zu einem um die Sonne kreisenden Schneeball geworden, wobei es Hinweise darauf gibt, dass ein ähnlicher Zustand auch in der früheren Erdgeschichte schon ein- oder zweimal eingetreten war. Die Gründe für diese globalen Kältewellen sind nach wie vor unklar, allerdings dürfte die damalige Anordnung der Kontinente eine entscheidende Rolle gespielt haben: Anfang November des Erdjahres war ein Großteil der Landmasse als Urkontinent »Gondwana« am Äquator konzentriert. Das Land lag also überwiegend in Regionen der Erde, in denen es auch heute noch deutlich mehr Niederschläge gibt als in weiter polwärts gelegenen Gebieten. Unter dem Einfluss dieser Niederschläge verwittert Gestein deutlich schneller als in einem trockeneren Klima. Bei dieser Verwitterung wird Kohlendioxid aus der Erdatmosphäre verbraucht und nach einigen chemischen Umwandlungen als fester Kalk abgelagert. Wird durch solch starke Verwitterung mehr Kohlendioxid aus der Atmosphäre entfernt als zum Beispiel durch Vulkanausbrüche neu in die Atmosphäre eingebracht wird, nimmt der Gehalt von Kohlendioxid in der Erdatmosphäre langsam ab, und der natürliche Treibhauseffekt der Erde wird schwächer, die Temperatur sinkt also. Normalerweise führen diese sinkenden Temperaturen dann dazu, dass die Verwitterung der Gesteine langsamer abläuft. Hierdurch kann der Kohlendioxidgehalt der Atmosphäre wieder ansteigen, das Klima wird wieder wärmer. Dieses Wechselspiel, das am ehesten mit der Funktionsweise eines Thermostaten verglichen werden kann, hatte das Klima der Erde für den Großteil der Erdgeschichte innerhalb einer relativ engen Bandbreite gehalten.

An jenen Novembertagen jedoch brach der Thermostat teilweise zusammen, vermutlich weil er durch die Konzentration der Landmassen

Über unzählige Gletscher fließt das grönländische Inlandeis Richtung Küste. Die kleineren von ihnen schmelzen, noch bevor sie das Meer erreicht haben.

am Äquator und der dortigen hohen Niederschläge etwas weniger effizient arbeiten konnte. Aufgrund der Abkühlung, welche die Abnahme des Kohlendioxids durch die starke Verwitterung von Gestein mit sich brachte, breitete sich auf dem am Äquator gelegenen Urkontinent »Gondwana« eine Schneedecke aus. Und diese Schneedecke führte aus dem gleichen Grund zu einer weiteren Abkühlung, aus dem auch ein in der Sonne geparktes weißes oder silbernes Auto deutlich kühler bleibt als ein schwarzes: Der Schnee reflektiert den Großteil des einfallenden Sonnenlichts zurück ins Weltall. Dies führte dazu, dass eine möglicherweise anfangs nur recht geringe Abkühlung immer weiter verstärkt wurde und sich Schnee und Eis weiter ausbreiten konnten. Dies brachte eine weitere Abkühlung, also noch mehr Schnee und Eis, mit sich, bis schließlich so gut wie die gesamte Erdoberfläche zugefroren war. Solche Rückkopplungsschleifen, bei denen eine anfangs nur kleine Veränderung des Erdklimas immer weiter verstärkt wird, sind auch für den vom Menschen verursachten Klimawandel von großer Bedeutung, wie im Kapitel »Der menschengemachte Klimawandel« noch ausgeführt wird.

Warum aber kreist die Erde nicht immer noch als gigantischer Schneeball durchs Weltall, wenn sich doch ein solcher Erdschneeball selbst kühlen und dadurch ein stabiles, kaltes Klima schaffen kann? Wie ist die Erde aus dem Schneeballklima entkommen? Leider ist die Antwort auf diese Frage nicht bekannt. Als eine Möglichkeit gilt, dass irgendwann aufgrund eines gewaltigen Vulkanausbruchs neben vielen anderen Stoffen große Mengen Ruß, Kohlendioxid und Methan in die Atmosphäre gelangt sein könnten. Dies hätte auf verschiedenen Wegen

Einige der grönländischen Gletscher schrumpfen ähnlich den Alpengletschern. Andere, besonders die großen unter ihnen, haben ihre Fließgeschwindigkeit hingegen verdoppelt.

zu einer Erwärmung des Erdklimas geführt: Der Ruß wäre im Laufe der Zeit aus der Atmosphäre auf die Oberfläche der Erde gefallen, sodass diese etwas dunkler geworden wäre. Dadurch wäre etwas weniger Sonnenlicht ins Weltall reflektiert worden, die Erde hätte sich ein wenig erwärmt. Die Treibhausgase Kohlendioxid und Methan hingegen wären über lange Zeit in der Erdatmosphäre geblieben und hätten dort zu einer Verstärkung des natürlichen Treibhauseffekts geführt. Durch die Kombination dieser Prozesse wäre schließlich die vollständige Vereisung der Erde aufgebrochen worden, sodass dem Leben, das in den Tiefen der Ozeane die Vereisung überdauert hatte, der Weg für eine wahrhaft dramatische Wendung frei geworden wäre: der Weg nämlich für die sogenannte kambrische Explosion.

Seit ihrem ersten Auftreten im März des Erdjahres bestand der Großteil der Biomasse auf der Erde aus einfachen Einzellern. Die Vorherrschaft dieser Einzeller dauerte fast die gesamte Erdgeschichte über an, bis sich schließlich vor etwa 540 Millionen Jahren, also umgerechnet am 18. November, innerhalb von wenigen Jahrmillionen eine geradezu unüberschaubare Vielfalt an mehrzelligen Organismen entwickelte. Sämtliche grundlegenden Baupläne für jene Pflanzen und Tiere, die wir heute kennen, wurden innerhalb dieser kurzen Zeitspanne geschaffen und seither nur noch mehr oder weniger modifiziert. Die Ursache für diese plötzliche Entwicklung von vielfältigen, höheren Lebewesen ist nach wie vor unklar. Eine entscheidende Rolle wird vermutlich das Aufbrechen des damaligen Urkontinents in mehrere kleinere Landmassen gespielt haben, wodurch sich zahlreiche Flachwassergebiete gebildet hatten, in denen evolutionäre Experimente sehr effizient stattfinden konnten. Auch hatte sich durch den Eintrag von Kohlendioxid und die Verwitterung von Gestein die chemische Zusammensetzung des Meerwassers so geändert, dass der Bau von harten Schalen und Skeletten möglich wurde. Diese sogenannte kambrische Explosion gilt als die Wiege fast aller heute auf der Erde existierenden Tier- und Pflanzenarten, ihre Bedeutung kann daher kaum hoch genug eingeschätzt werden.

Seit der kambrischen Explosion haben sich auf der Erde nach groben Abschätzungen etwa 30 Milliarden verschiedene Tier- und Pflanzenarten gebildet, von denen inzwischen etwa 99,9 % wieder ausgestorben sind. Das überlebende 0,1 % all jener Tier- und Pflanzenarten macht unsere heutige Welt aus.

Eine entscheidende Rolle für das Aussterben der anderen Arten spielten fünf große Aussterbe-Ereignisse, die sich seit der kambrischen Explosion auf der Erde zugetragen haben. Das einschneidendste dieser Ereignisse fand vor etwa 250 Millionen Jahren statt, also umgerechnet am 16. Dezember des Erdjahres. Es wurde vermutlich durch die Entstehung eines großen Magmafeldes (also im Prinzip einen langsamen Vulkanausbruch) ausgelöst, die zu einer relativ schnellen Klimaabkühlung führte. Damals starben knapp 95 % aller im Meer existierenden Lebewesen aus, an Land verschwanden zwei Drittel aller Tierarten. Dieses Ereignis führte zu einem Ende der Herrschaft von Reptilien und machte Platz für die über 100 Millionen Jahre andauernde Vorherrschaft der Dinosaurier, die bis zum späten Abend des 26. Dezember des Erdjahres anhalten sollte. Damals, also umgerechnet vor 65 Millionen Jahren, starb in einem weiteren Massensterben etwa die Hälfte aller Arten aus, darunter auch die Dinosaurier. Als Ursache für dieses Aussterben wird heute eine mögliche Kombination aus einem Meteoriteneinschlag und einem größeren Vulkanausbruch angenommen, die zusammen so viel Staub in die Atmosphäre aufwirbelten, dass nur noch wenig Sonnenlicht den Erdboden erreichen konnte. Die dadurch verursachte Klimaabkühlung verlief so rasch, dass sich viele Tierarten nicht an die neuen Gegebenheiten anpassen konnten und ausstarben.

Auch für die anderen großen Aussterbeereignisse, die das Erscheinungsbild der Erde und die Entwicklung des Lebens so einschneidend geprägt haben, wird eine Änderung der Erdtemperatur und ein damit einhergehender Klimawandel zumindest als mitverantwortlich angesehen. Der Grund hierfür ist einfach: Die meisten Tier- und Pflanzenarten sind hervorragend an einen relativ engen Bereich von klimatischen Bedingungen angepasst und sind daher für ihr Überleben auf diese Klimabedingungen angewiesen. Falls sich das Klima der Erde relativ schnell ändert, sind die Tier- und Pflanzenarten nicht in der Lage, mit dem Wandel Schritt zu halten – sie sterben aus. Ändert sich das Klima hingegen relativ langsam, so können sowohl Tier- als auch Pflanzenarten reagieren, indem sie dem

sich wandeln-
den Klima hinterherwandern.
Wird es auf der Erde langsam kälter, wandern die
meisten Arten in Richtung Äquator, erwärmt sich die Erde, so
findet eine Wanderung in Richtung der Pole statt.

Zu den langsamen Änderungen, an die sich Tier- und Pflanzenarten
gegebenenfalls anpassen können, zählt auch jene globale Abkühlung,
die ungefähr zeitgleich mit dem Aussterben der Dinosaurier vor etwa
65 Millionen Jahren begann und deren vorläufiger Höhepunkt die sogenannten Eiszeiten sind, von denen noch zu sprechen sein wird. Vor
dem Beginn dieser langsamen, globalen Abkühlung war die Erde seit
zig Millionen Jahren weitestgehend eisfrei gewesen, das Klima war im
Mittel mehr als 5 Grad wärmer als heute, die Temperatur in der Arktis
lag möglicherweise sogar 20 Grad über den heutigen Werten. Als Folge
der globalen Abkühlung bildeten sich vor knapp 50 Millionen Jahren,
oder umgerechnet am 27. Dezember des Erdjahres, die ersten Gletscher
in der Antarktis. Vor etwa 10 Millionen Jahren, am frühen Morgen des
31. Dezember des Erdjahres, waren die Temperaturen schließlich so weit
gesunken, dass sich die ersten Gletscher in den hochgelegenen Bergge-
bieten der Nordhalbkugel bilden konnten.

Hervorgerufen wurde diese langsame, seit knapp 65 Millionen Jahren
anhaltende Abkühlung vermutlich durch die Kombination verschiedener Effekte:

Erstens haben sich durch die Verschiebung der Kontinente in den
letzten Millionen von Jahren die Ozeanzirkulation und die vorherrschenden Windsysteme geändert, was zu einer Abnahme des Wärme-
transportes von den Tropen in weiter polwärts gelegene Gebiete führte.
Hierdurch wurde die Bildung von ausgedehnten Eisflächen in den Polargebieten und damit eine Abkühlung begünstigt.

Zweitens
hatten sich
größere Landmassen
in die Polargebiete geschoben,
die dort die Entwicklung ausgedehnter
Gletschermassen möglich machten. Diese großen
Gletschermassen führten, wie bereits beschrieben, durch
die Reflexion von Sonnenlicht zu einer Verstärkung der Abkühlung.

Drittens führte die Abkühlung des Klimas dazu, dass der Gehalt an Kohlendioxid in der Atmosphäre langsam abnahm. Auch wenn wir oben gesehen haben, dass in einem kühleren Klima auf sehr langen Zeitskalen der Kohlendioxidgehalt der Atmosphäre langsam ansteigt, weil das Gestein langsamer verwittert, so geschieht auf kürzeren Zeitskalen genau das Gegenteil. Dies liegt daran, dass ein ständiger Austausch von Kohlendioxid zwischen dem Ozean und der Atmosphäre stattfindet. Da in kälterem Wasser mehr Kohlendioxid gelöst werden kann als in wärmerem Wasser, nimmt in einem kühleren Klima der Gehalt an Kohlendioxid in der Atmosphäre zunächst ab. Hierdurch wird der Treibhauseffekt etwas schwächer, und die Erde kühlt sich weiter ab. Vor 50 Millionen Jahren lag der Gehalt von Kohlendioxid in der Atmosphäre vermutlich um mehr als das Fünffache über den heutigen Werten, die CO_2-Konzentration betrug damals über 1000 ppm (also über 1000 Moleküle CO_2 pro 1 Million Luftmoleküle). Von diesem Niveau aus sank die

Konzentration von Kohlendioxid in der Erdatmosphäre und erreichte vor 25 Millionen Jahren etwa 200–300 ppm. Seither hat die Konzentration von CO_2 in der Atmosphäre bis zum Einsetzen der industriellen Revolution vermutlich vergleichsweise wenig geschwankt.

Die Abkühlung der Erde in den letzten knapp 65 Millionen Jahren verlief übrigens nicht gleichmäßig. So gab es zum Beispiel vor etwa 55 Millionen Jahren eine kurze Zeitspanne rascher globaler Erwärmung, vor knapp 5 Millionen Jahren und noch einmal vor knapp 2,5 Millionen Jahren wiederum gab es Zeiträume, in denen die Abkühlung der Erde deutlich schneller verlief als in den Jahrmillionen zuvor. Zeitgleich mit diesen beiden Abkühlungsereignissen, die umgerechnet am 31. Dezember um 19 Uhr und um 21:30 Uhr des Erdjahres stattfanden, scheint sich die Entwicklung der direkten Vorfahren des Menschen in Ostafrika stark beschleunigt zu haben. Die teilweise einschneidenden globalen oder lokalen Veränderungen des Erdklimas sind nämlich nicht immer nur von Nachteil für die Entwicklung von Leben auf der Erde gewesen, sondern haben ganz im Gegenteil häufig die Evolution entscheidend vorangetrieben: Nachdem sich vor etwa zehn Millionen Jahren, also am frühen Morgen des 31. Dezember des Erdjahres, in Afrika zwei Kontinentalplatten verschoben hatten, war zwischen ihnen eine zerklüftete Bergkette entstand. Diese Bergkette führte bei den vorherrschenden westlichen Winden dazu, dass sich auf der Westseite der Bergkette ein feuchteres Klima mit ausgedehnten Regenwäldern entwickelte, während auf der Ostseite ein trockenes Savannengebiet mit vereinzelten Bäumen, weiten Steppen und einer abwechslungsreichen Landschaft entstand, die die Entwicklung von aufrecht gehenden Lebewesen begünstigte. Als sich vor zweieinhalb Millionen Jahre, gegen 21:30 Uhr am 31. Dezember des Erdjahres, das Klima der Erde innerhalb kurzer Zeit relativ stark abkühlte und somit eine weitere Anpassung der damals existierenden Lebewesen erforderlich machte, führte dies in jenen ausgedehnten Savannengebieten zur Entwicklung der Gattung *Homo*, aus der sich schließlich vor knapp 500 000 Jahren, oder umgerechnet um 23:00 Uhr am 31. Dezember des Erdjahres, der erste archaische *Homo sapiens* entwickelte.

In dieser einen Stunde seiner Existenz hat auch der *Homo sapiens* eine Reihe von natürlichen Klimaveränderungen erlebt, insbesondere

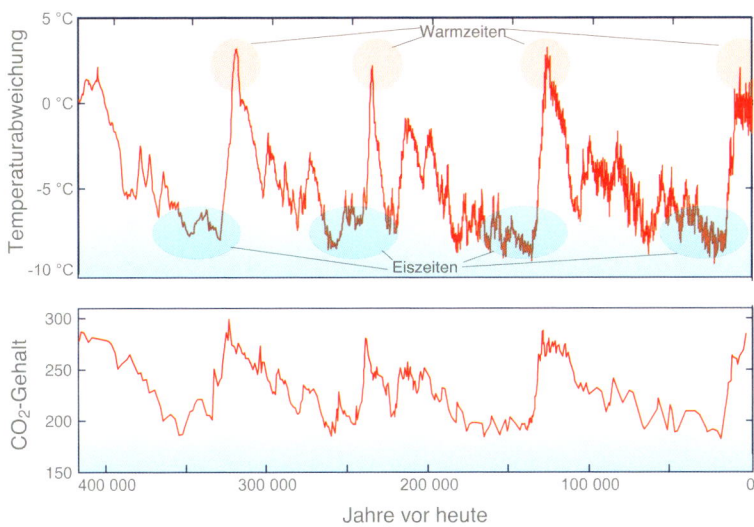

Abb. 2: Temperatur- und CO$_2$-Entwicklung der letzten 400 000 Jahre. Die Temperatur ist als Abweichung von der heutigen Temperatur dargestellt. Die Daten stammen aus Messungen im Vostock-Eiskern in der Antarktis.

einen regelmäßigen Zyklus von Eiszeiten und Warmzeiten, der vor etwa anderthalb Millionen Jahren begann und der die vorerst letzte Episode der vor 65 Millionen Jahren begonnenen globalen Abkühlung bildet. Aus Eisbohrkernen haben wir ein relativ genaues Bild der Eiszeitzyklen in den letzten 800 000 Jahren gewinnen können. In diesem Zeitraum hat sich das Erdklima mit großer Regelmäßigkeit etwa alle 100 000 Jahre aus einer Eiszeit heraus relativ rasch erwärmt, um sich dann langsam wieder bis zur nächsten Eiszeit hin abzukühlen. Als Hauptursache für die ursprüngliche, regelmäßige Erwärmung werden kleinere Schwankungen der Erdumlaufbahn angenommen: Die Erde torkelt nämlich auf ihrer Ellipsenbahn ein wenig um die Sonne, was zu einem Zyklus von 100 000 Jahren führt, innerhalb dessen sich die Einstrahlung auf der Erde ein kleines bisschen ändert. Die dadurch regelmäßig hervorgerufene leichte Abkühlung führt wiederum, wie oben beschrieben, dazu, dass Kohlendioxid aus der Atmosphäre entnommen und im Ozean gelöst wird. Dies

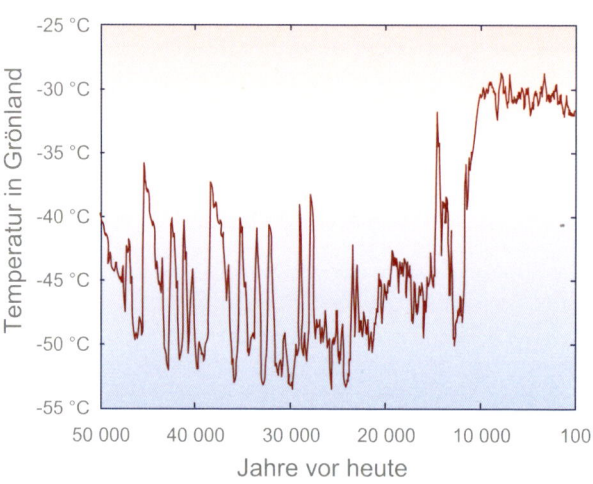

Abb. 3: Temperaturentwicklung der letzten 50 000 Jahre aus dem GISP-Eiskern in Grönland. Der ungewöhnlich stabile Temperaturverlauf der letzten 10 000 Jahre sticht deutlich hervor.

wiederum verstärkt die leichte anfängliche Abkühlung, sodass aus einer ursprünglichen Abkühlung von weniger als einem Grad durch Rückkopplungen eine viel größere Abkühlung werden kann.

Seit dem Ende der Eiszeit vor knapp 10 000 Jahren, oder umgerechnet in der gesamten letzten Minute des Erdjahres, ist das Klima der Erde im Vergleich zu den bisher in diesem Kapitel geschilderten Schwankungen ungewöhnlich stabil geblieben. Dies hängt damit zusammen, dass die Umlaufbahn der Erde um die Sonne zurzeit relativ kreisförmig ist, was die solare Einstrahlung vergleichsweise konstant hält. Auch ist die Erde von allzu gravierenden Vulkanausbrüchen und Ähnlichem verschont geblieben, sodass nach allem, was wir heute wissen, die letzten 10 000 Jahre in Bezug auf das Erdklima als geradezu außergewöhnlich stabil angesehen werden müssen. Vermutlich ist es diese Stabilität, die das Entstehen von Hochkulturen, die Entwicklung von Städten und komplexen sozialen Strukturen, von profitablem Ackerbau und Sesshaftigkeit erst ermöglicht hat. Es gab zwar kleinere Schwankungen, wie zum Beispiel eine leichte Erwärmung um das Jahr 1000 n. Chr. oder eine leichte Abkühlung zum Ende des Mittelalters, die sich durch leichte Schwankungen der Sonneneinstrahlung oder kleinere Vulkanausbrüche erklären lassen, abgesehen von diesen kleinen Schwankungen war das Klima in den letzten 10 000 Jahren jedoch weitestgehend stabil, sodass sich der Mensch ungestört von gravierenden Klimaänderungen technologisch so weit entwickeln konnte, dass ihm vor knapp 150 Jahren die Erfindung der Dampfmaschine gelang.

Diese Erfindung läutete die industrielle Revolution ein – jene 150 Jahre lange Epoche, jene letzte, winzige Sekunde des Erdjahres, die möglicherweise das Ende des stabilen Klimas verursachen wird, das die Entwicklung des modernen Menschen erst möglich gemacht hat. Und die vermutlich auch zum sechsten großen Massenaussterben von Tier- und Pflanzenarten führen wird – einem Massenaussterben, das nicht durch Asteroiden oder Vulkane, sondern durch ein Lebewesen hervorgerufen wird, das erst seit einer knappen Minute des Erdjahres existiert und das sich selbst als den weisen Menschen bezeichnet: den *Homo sapiens sapiens*.

DER AUTOR

Dr. Dirk Notz ist Leiter der Forschungsgruppe »Meereis im Erdsystem« am Hamburger Max-Planck-Institut für Meteorologie. Mithilfe von Labor- und Feldexperimenten sowie Computersimulationen versuchen er und seine Arbeitsgruppe zu verstehen, welche Veränderungen der globale Klimawandel insbesondere in den Polarregionen mit sich führen wird.

Dirk Notz ist stark in Jugend- und Öffentlichkeitsarbeit engagiert und ist verantwortlich für die wissenschaftliche Betreuung der von Arved Fuchs initiierten I.C.E.-Jugendcamps.

Die Nordwestpassage

Point Barrow ist das nördlichste Kap Alaskas, unweit davon liegt, auf dem Steilufer errichtet, die gleichnamige Siedlung Barrow. In dieser Region siedeln Menschen schon seit Tausenden von Jahren, sie sind die Ureinwohner der Arktis. Diese Menschen, die wir gerne in einen Topf werfen und gemeinhin als Eskimos bezeichnen, untergliedern sich in Wirklichkeit in zahlreiche Völkergruppen, die alle über ihre eigene Kultur und Identität verfügen sowie ihre eigene Sprache oder zumindest verschiedene Dialekte sprechen. Insgesamt schätzt man die Zahl der Angehörigen der indigenen Völker auf rund 400 000 Menschen, die auf über 30 Völker verteilt sind.

Kap und Siedlung stellen heute einen wichtigen Waypoint für Schiffe dar, die durch die Nordwestpassage fahren. Auf der Höhe von Barrow wird nämlich eine Kursänderung vollzogen: Für die Schiffe, die von Osten kommen, liegt damit die schwierige Passage im Kielwasser. Diejenigen, die hingegen von Westen kommen, haben die Schwierigkeiten noch vor sich. Damit hat man auch schon die wichtigste Bedeutung dieses kleinen Ortes zusammengefasst. Einen Hafen gibt es nicht; wer an Land will, muss vor der exponierten Küste ankern und mit dem Beiboot an Land fahren. Dort erwartet ihn nicht etwa eine Idylle an intakter eskimoischer Kultur, sondern ein Sammelsurium an Häusern amerikanischer Prägung, einfache Hotels, ein paar Restaurants, Supermärkte und eine Schule – ansonsten eher Langeweile und das Gefühl, nicht länger verweilen zu müssen. Doch das ist nicht alles.

Als wir 1993, von Osten kommend, bei diesem Ort Station machten, hatten wir das Eis der Nordwestpassage hinter uns. Wir waren ausgepowert durch die Anspannung, die eine solche Passage mit sich bringt, die schweren Herbststürme hatten das Ihre dazu beigetragen. Barrow war für uns damals lediglich der oben angesprochene Waypoint und der Moment, wo wir mit Fug und Recht sagen durften, dass wir die Nordwestpassage durchfahren hatten. Über Klimawandel oder damit einhergehende Veränderungen sprach damals noch kein Mensch. Alles war wie immer, wir wollten schnell weiter nach Süden.

Zehn Jahre später, 2003, stellte sich die Situation völlig anders dar. Wieder ankerte die DAGMAR AAEN vor der Küste – dieses Mal hatte sie die Nordwestpassage noch vor sich – und wieder fuhren wir mit dem Beiboot an Land. Dort begannen die Veränderungen. Das Erste, was uns auffiel, waren Hunderte schwarzer Müllsäcke, die am Strand verstreut lagen. Wir stutzten, schauten uns um. Dann begriffen wir. Das, was wir für Müllsäcke gehalten hatten, waren in Wahrheit Sandsäcke, die wie ein Schutzwall vor der bröckelnden Steilküste angeordnet waren. Den Herbststürmen schienen sie indessen kaum Einhalt zu gebieten. Ein Blick zum Steilufer machte deutlich, warum diese Maßnahme trotzdem getroffen wurde. Einige der Häuser standen bereits bedrohlich nahe an der Abbruchkante und waren wohl kaum zu retten. Es war offenkundig nur eine Frage der Zeit, bis sie abrutschen und vom Meer fortgespült würden. Wir sprachen die Menschen im Ort daraufhin an.

Verwundert blickte man uns an.»Noch nichts vom Klimawandel gehört?«, kam die etwas verblüffte Antwort. Barrow ist auf Permafrostboden gebaut, und der taut seit einigen Jahren immer weiter auf. Die Steilküste, auf der der Ort steht, war früher einmal hart gefroren wie Beton. Jetzt ist der Boden weich und morastig und bietet der Brandung keinen Widerstand mehr. Zugleich ist das Meer über einen längeren Zeitraum hinweg eisfrei. Als Drittes gibt er auch häufiger Stürme. Über dem nahezu eisfreien Wasser kann sich ein deutlich höherer Seegang aufbauen, als es früher der Fall war. Der sogenannte Fetch, die Strecke, die der Wind über eisfreies Wasser zurücklegt und dabei Seegang generiert, hat erheblich zugenommen. Das

Tauender Permafrostboden an der Nordküste Kanadas. Die Küste wird damit ein leichtes Opfer der Sturmfluten.

wiederum führt dazu, dass der Küstenerosion Tür und Tor geöffnet wird. Der Klimawandel ist in der Lebenswirklichkeit der Menschen von Barrow längst angekommen. Hier wird nicht mehr über das »Ob« diskutiert, sondern vielmehr wie mit den Auswirkungen umgegangen wird und wer letztlich die Zeche bezahlt. Denn der Verlust von Haus und Land kostet natürlich Geld.

Und Barrow ist kein Einzelfall. Andere Siedlungen in der Region, in denen seit Tausenden von Jahren Menschen siedeln, werden einfach fortgespült. Das kleine Dorf Shishmaref ist so ein Beispiel, Kivalina ein weiteres. Das kostet den Steuerzahler viel Geld! Allein am Beispiel Shishmaref, einer Siedlung mit ca. 590 Einwohnern, rechnet man etwa mit 10 Millionen Dollar für die Umsiedlungsaktion – das entspricht 100 000 Dollar pro Kopf. Kivalina führt sogar einen Musterprozess gegen einen Ölmulti. Ähnlich wie bei den Prozessen, die in den 1980er-Jahren gegen die mächtige Tabakindustrie geführt wurden – mit dem Ziel, Schadenersatzforderungen wegen der Erkrankungen durch Tabakkonsum einzuklagen –, so klagt nun Kivalina, ein Dorf mit 400 Einwohnern, gegen die 24 größten Öl- und Energiekonzerne der USA, auf Schadensersatz für die aus den Folgen der Umweltverschmutzung resultierenden Gegebenheiten: Die Umsiedlungskosten werden auf 400 Millionen Dollar geschätzt.

Hintergrund dafür unter anderem: Das Volk der Inupiat ist in Sorge. Das Ausdünnen und Verschwinden des Meereises stellt ihre Existenz auf den Kopf. Das tradierte Wissen und ihre gesammelten Erfahrungen im Umgang mit dem Meer und dem Eis sind plötzlich nichts mehr wert – ein Umstand, der uns auch von anderen Bewohnern der Arktis immer wieder genannt wurde und auf den ich noch zu sprechen kommen werde. Erfahrene Jäger schätzen das Eis falsch ein und geraten in Lebensgefahr. Schneescooter brechen durchs Eis, ganze Eisfelder lösen sich vom Land und treiben auf das offene Meer. Entsprechend nehmen die Search & Rescue-Maßnahmen zu. Die eiserfahrenen Inupiat sehen sich plötzlich völlig veränderten Naturverhältnissen gegenübergestellt.

Aber damit nicht genug. Der Klimawandel hat auch Auswirkungen auf die Flora und Fauna. Es gibt plötzlich Insekten, die Eier in das im Freien zum Trocknen aufgehängte Dörrfleisch legen und es damit ungenießbar machen. Die Population lebenswichtiger Jagdtiere geht zurück – nicht nur Eisbären und Robben. Ein Beispiel: Die Rentierherden – oder Karibus, wie man die Tiere in Nordamerika nennt – ziehen in einzelnen, wild lebenden Herden über die Tundra. Eine der größten dieser Herden zählt über 250 000 Tiere. Aber die Zahl der Karibus ist in den letzten Jahren stark rückläufig. Schwer zu sagen, ob der Klimawandel ursächlich daran schuld ist – die Jäger glauben es aber. Die arktischen Regionen stellen ein hochsensibles Ökosystem dar. Geringe Klimaschwankungen können eine Kettenreaktion auslösen. Neue, bislang unbekannte Schädlinge treten auf und bringen das biologische Gleichgewicht durcheinander: In den Wäldern Alaskas und Kanadas breitet sich der Borkenkäfer geradezu epidemieartig aus.

Wir standen erst am Anfang unserer Expedition und wurden schlagartig mit gravierenden Veränderungen konfrontiert. Ganz gleich, ob die Ursache dieser Veränderungen im CO_2-Ausstoß zu suchen war oder andere Gründe hatte, die Veränderungen und Auswirkungen auf Land und Leute waren nicht zu leugnen oder wegzudiskutieren. Der Permafrostboden war inner-

Trotz moderner Kleidung – in zahlreichen kleinen Gemeinden lebt die Tradition fort – wie etwa das »Drum Dancing« im nordkanadischen Gjoa Haven.

halb weniger Jahre auf- oder zumindest stärker angetaut als es früher der Fall war – mit all den daraus resultierenden Konsequenzen. Im Jahre 2003 war die Weltöffentlichkeit für dieses Thema noch nicht so sensibilisiert, wie das heute der Fall ist. In Alaska war man da schon ein Stück weiter.

Ähnlich verhielt es sich auf der kanadischen Seite, im Bereich des Mackenzie-Deltas. Bei der kleinen Ortschaft Tuktoyaktuk schreitet die Küstenerosion ebenfalls drastisch voran. Ganze Küstenabschnitte werden fortgespült, an den Abbruchkanten lässt sich besonders gut ablesen, wie sich der Permafrost zurückzieht. In den 1970er-Jahren war Tuktoyaktuk eine Art Boomtown. Damals war sie Basis und Ausgangspunkt für die Erschließung neuer Erdölvorkommen. Zwar lohnte die Förderung zu dieser Zeit noch nicht, aber das könnte sich ja schließlich ändern. Seit damals weiß man jedenfalls, dass es in der Beaufort- und Tschuktschensee Ölvorkommen gibt. Das weckt Begehrlichkeiten, zumal die Ölvorkommen im sogenannten North Slope an der Prudhoe Bay Alaskas sich offenbar langsam dem Ende zuneigen. Der einzige Grund, warum bislang nicht im Offshorebereich nach Öl und Gas gebohrt wurde, beruht auf einem Memorandum, das einen Großteil der zu den USA gehörenden arktischen Randmeere unter Schutz stellt. Allerdings wurde dieses Memorandum 2008 kurzerhand vom US-Kongress allen Widerständen zum Trotz außer Kraft gesetzt. Das Thema war so brisant, dass es sogar zu einem wichtigen Wahlkampfthema des dortigen letzten Präsidentenwahlkampfes wurde.

Ein Stück westlich von Tuktoyaktuk liegt die Insel Herschel. Menschen leben dort nicht mehr, aber im 19. und frühen 20. Jahrhundert war die Insel für die amerikanische Walfangflotte von großer Bedeutung. Damals nutzte man Herschel Island, um mit der Walfangflotte im Eis zu überwintern. Die Insel bietet Schutz vor dem Packeis, sodass die hölzernen Walfangschiffe in einer Bucht sicher den Winter verbringen konnten. Das nahe gelegene Mündungsdelta des Mackenzie-Flusses spült große Mengen an Treibholz aus dem Landesinneren an die Küste der Insel. Dadurch gab es nicht nur Brennholz in Hülle und Fülle, sondern zugleich auch Baumaterial für Hütten. Diese damals entstandenen, historischen Gebäude stehen noch heute. Im kalten, trockenen Klima der Arktis haben sich die Häuser hervorragend erhalten. Vor einigen Jahren ist die Insel bzw. die darauf befindlichen Bauten samt dem alten Walfängerfriedhof von der kanadischen Regierung unter Denkmalschutz gestellt worden. Vor dem Zugriff neugieriger Andenkensammler mag das schützen, nicht aber vor den steigenden Fluten des sie säumenden Ozeans. Der steigt nämlich seit geraumer Zeit an und überspült die Fundamente der alten Gebäude. Wir konnten bei unserem Besuch 2003 die Anfänge davon bereits erkennen. 1993, bei unserem ersten Besuch, war davon noch nichts zu spüren. Damals standen die Häuser hoch und trocken. Zwischenzeitlich bemüht sich die kanadische Regierung, die vom Wasser bedrohten Gebäude umzusetzen. Da aber auch der Boden der Insel

– wie in Barrow oder Tuktoyaktuk – immer weiter auftaut, bleibt der langfristige Erfolg zumindest fraglich. Man mag das beklagen, der Verlust einiger Kulturgüter wird aber zu verschmerzen sein.

Es geht aber nicht nur um ein paar historische Gebäude. Viel entscheidender dabei ist etwas anderes: In dem Permafrostboden der Arktis lagern gigantische Mengen an Treibhausgasen, allen voran Methan, das klimatechnisch etwa 20-mal so wirksam ist wie CO_2. Genau quantifizierbar ist das nicht. Die geschätzte Menge dieser Gase ist jedoch so groß, dass bei deren Freisetzung der Klimawandel vermutlich in einem erheblichen Maße beschleunigt werden könnte.

Das Jahr 2003 wartete mit zahlreichen Indizien auf, dass sich die Natur in gerade einmal einer Dekade nachhaltig verändert hatte. Unsere Erfahrungen, die wir im Jahr zuvor in Sibirien gemacht hatten, wiederholten sich, bzw. unser Eindruck, dass sich die Natur in einem Umbruch befand, bestätigte sich. Aber selbst in der Arktis bewerteten die Menschen diesen Umstand sehr unterschiedlich – je nachdem wie man selbst von den Veränderungen betroffen war. Während man sich im Bereich Tuktoyaktuk und Alaska massiv Sorgen machte, schien die Welt der Menschen im zentralen und östlichen Teil der Nordwestpassage noch im Lot zu sein.

»Klimawandel – ach, das ist doch alles Unsinn«, bekamen wir bei unserem Eintreffen in Cambridge Bay zu hören. »Der letzte Winter war so kalt wie immer, und der Sommer lässt mehr als zu wünschen übrig. Ihr werdet schon sehen, das Eis im östlichen Teil der Nordwestpassage ist immer noch nicht aufgebrochen.« Und die Leute hatten Recht. Wir versuchten es zwar mit allen uns verfügbaren Mitteln, aber es gab in jenem Jahr einfach kein Durchkommen. Da tröstete es auch wenig, dass die Kapitäne der Eisbrecher der kanadischen Küstenwache durchweg meinten, dass das Eis insgesamt weniger mächtig wäre als in früheren Jahren. Mit anderen Worten, der Anteil an mehrjährigem, besonders dickem und hartem Eis war ihrer Meinung nach rückläufig. Uns konnte das in dieser Situation gleich sein. Ein Schiff wie die DAGMAR AAEN ist kein Eisbrecher, und ob da das Eis nun einen oder drei Meter dick ist, spielt in unserer Betrachtung keine Rolle – es ist in jedem Fall zu dick. Ende September 2003 mussten wir uns geschlagen geben. Wir drehten um und liefen erneut Cambridge Bay an, dieses Mal, um das Schiff dort für den bevorstehenden Winter aufzulegen. Der Winter

Die DAGMAR AAEN während der Überwinterung in der Nordwestpassage im Winter 2003/2004.

sollte lang und eisig werden. Gelegentlich stieß uns bei besonders kaltem und windigem Wetter einer der einheimischen Besucher an Bord an und sagte lachend: »Global Warming – eeeh? I wouldn't mind if it would be only minus forty instead of minus fifty.« – Wer debattiert schon ernsthaft über eine Erwärmung der Arktis, wenn draußen das Thermometer ins Bodenlose fällt? Und auch der nächste Sommer 2004 schien alle Befürchtungen einer Klimaerwärmung ad absurdum zu führen. Fast trotzig hörten wir in Cambridge Bay die Einschätzung, dass es anderswo vielleicht wärmer würde, aber nicht hier im zentralen Teil der kanadischen Arktis.

Wer damals aber bereits über die Grenzen schaute, konnte schnell erkennen, dass es in anderen Regionen der Arktis anders aussah. Und nicht nur dort. In Europa waren 2003 wahre Hitzerekorde zu verzeichnen. Je nach Quellenangabe starben 35 000 bis 70 000 Menschen an den Folgen der Hitzeperiode. In Deutschland und Frankreich mussten die Kernkraftwerke um 50 % gedrosselt werden, weil das Kühlwasser entweder nicht mehr ausreichend zur Verfügung stand oder die Flüsse einfach zu warm waren. 2006 sollte das erneut eintreten. Alles Zufall? Cambridge Bay und der zentrale Teil der Nordwestpassage schienen eine Ausnahme zu bilden und eine Art Verzögerung zu erfahren. Als wir nach erheblichen Schwierigkeiten am 27. September 2004 die Passage endlich verließen und in die Baffin Bay einfuhren, waren wir das einzige Schiff, das die Nordwestpassage in jener Saison ohne Eisbrecherhilfe durchfahren hatte. Außer der DAGMAR AAEN gab es lediglich noch ein britisches Schiff, dem die Passage gelungen war, allerdings musste es rund 600 Seemeilen lang hinter einem Eisbrecher herfahren. Alle anderen Schiffe waren umgekehrt. Wir ahnten damals nicht, dass wir vermutlich die Letzten waren, die die legendäre Nordwestpassage in ihrer ganzen Komplexität und allen ihren Schwierigkeiten erfahren hatten. Diese Passage, die die Gemüter der Seefahrer und Chronisten seit Jahrhunderten beschäftigt hatte, die immer wieder Schiffen und deren Besatzungen zum Verhängnis geworden war, schien 2004 noch so abweisend wie in alten Zeiten. Und dennoch leitete dieses Jahr das Ende einer Ära sowie eines Mythos ein. In den folgenden Jahren wurde die Nordwestpassage enttabuisiert, die Passage zu einer Art Bagatelle.

Diese Einschätzung verfestigte sich, nachdem wir in der Nachbereitung unserer Reise die Eiskarten der gesamten Arktis gesichtet hatten. Nicht nur die der Nordwestpassage. Seitdem werden (nicht nur) wir von der Entwicklung geradezu überrollt. 2005 gab es deutlich weniger Eis in der Passage als noch in den Jahren davor. 2006 war sie relativ leicht und ohne größere Probleme zu passieren. 2007 war sie offen, und 2008 waren sämtliche Routen, also auch die bislang unpassierbaren Nordrouten, nahezu eisfrei. Zeitgleich waren erstmals seit Menschengedenken sowohl die Nordost- wie auch die Nordwestpassage frei passierbar. 2009 ein ähnliches Szenario. Wieder alles nur Zufall? In Cambridge Bay sind die Stimmen derjenigen, die den Klimawandel rundherum infrage gestellt haben, verstummt. Die Kanadier haben erkannt, dass sich ein großer Teil ihres Landes aufgrund des Klimawandels verändert und dass das gewaltige Auswirkungen – wirtschaftlich, politisch und ökologisch haben wird.

Es stellt sich die Frage der Verifizierung. Was erleben wir hier eigentlich? Handelt es sich um eine Laune der Natur, um natürliche Schwankungen,

um eine besonders intensive Sonnenaktivität? Kommt das Eis vielleicht in ein paar Jahren zurück?

Die Veränderungen sind Fakt und nicht wegzudiskutieren. Sie sind zudem viel zu augenscheinlich und eindeutig. Es wird wärmer unter der arktischen Sonne, und offenbar nicht nur dort.

Ich habe mir die Frage nach dem Ob und Warum und Wieso immer wieder gestellt, ausgehend von den persönlichen Erfahrungen, aber ohne einen naturwissenschaftlichen Hintergrund zu haben. Deshalb mussten die Vorgänge doch trotzdem zu verstehen sein. Was geht da eigentlich ab in der Atmosphäre?

Fragen, die, wie ich schnell herausfand, relativ leicht und verständlich zu beantworten waren. Die Erkenntnisse waren durchaus nicht neu. Es sind nur unbequeme Antworten, die unsere Grundhaltung gegenüber unserem Lebensstil und den Umgang mit Ressourcen auf den Kopf stellen. Aber davon geht schließlich nicht die Welt unter – davon ganz sicher nicht!

Im Sommer 2003 und 2004 war die Nordwestpassage aufgrund der hohen Eisdichte kaum passierbar. In den folgenden Jahren sollte sich das dramatisch ändern.

Klimawandel durch Treibhausgase:
Wie viel Zeit bleibt uns noch?

Stefan Rahmstorf

Würden Außerirdische unsere Erde aus der Ferne beobachten, dann würden sie deutlich sehen, was bei uns los ist: Der Planet heizt sich auf. Die nördliche »Polkappe«, die Sommereisdecke auf dem Arktischen Ozean, ist in den letzten Jahrzehnten um die Hälfte geschrumpft.

Die globale Erwärmung wurde vorhergesagt, lange bevor sie nachgewiesen werden konnte. Schon 1965 warnte ein Expertenbericht für den US-Präsidenten Lyndon B. Johnson vor »verheerenden Veränderungen des Klimas« durch die Verbrennung fossiler Brennstoffe, und 1972 berechnete der britische Meteorologe J.S. Sawyer in der Fachzeitschrift »Nature« die bis zum Jahre 2000 zu erwartende Erwärmung. Erst in den 1980er-Jahren konnte die globale Erwärmung auf Basis der Temperaturdaten von Wetterstationen dann nachgewiesen werden. Die globale Erwärmung ist also eine Vorhersage der Wissenschaft, die sich seit Jahrzehnten wie prognostiziert erfüllt.

Doch die entscheidenden wissenschaftlichen Grundlagen wurden schon im 19. Jahrhundert gelegt. Am 10. Juni 1859, ein halbes Jahr, bevor Charles Darwin seine »Entstehung der Arten« veröffentlichte, demonstrierte John Tyndall bei einer von Prinz Albert geleiteten Versammlung der Royal Institution in London eine Serie denkwürdiger Experimente. Seine Messungen wiesen nach, dass Luft aufgrund ihres Gehalts an Treibhausgasen die Abstrahlung von Wärme behindert. Damit hatte er experimentell die Theorie des »Treibhauseffekts« von Joseph Fourier aus den 1820er-Jahren belegt, die erklärte, warum das Klima der Erde nicht rund 30 °C kälter ist als beobachtet, wie es eine naive Betrachtung der Strahlungsbilanz ohne den Treibhauseffekt ergeben würde: »Die Strahlungswärme der Sonne kann leichter durch die Atmosphäre zur Erde durchdringen als die Strahlungswärme der Erde ins All entweichen kann.«

Im Jahre 1896 rechnete dann der schwedische Nobelpreisträger Svante Arrhenius erstmals vor, wie stark eine Verdoppelung der Kohlendioxidmenge in der Atmosphäre das globale Klima aufheizen würde. Er kam auf einen Wert von 4 bis 6 °C. Dieser Wert – die »Klimasensitivität« – ist die wichtigste Maßzahl für den Einfluss des Menschen auf das Klima. Moderne Abschätzungen liegen bei 3 °C, mit einer verbleibenden Unsicherheit von +/– 1 °C (siehe Kasten S. 62/63). Weder Tyndall noch Arrhenius ahnten allerdings, welch lebenswichtige Bedeutung das Thema im 20. und 21. Jahrhundert einmal erlangen würde.

Inzwischen bestreitet kein seriöser Wissenschaftler mehr, dass eine Erhöhung der Menge an Kohlendioxid (CO_2) und anderer Treibhausgase in der Atmosphäre nach den Gesetzen der Physik zu einer globalen Erwärmung führen muss. Seit Ende der 1950er-Jahre ist nachgewiesen, dass die CO_2-Menge in der Luft tatsächlich ansteigt. Dieser Anstieg ist zweifelsfrei vom Menschen verursacht, wie u. a. Isotopenanalysen zeigen. Bis heute hat sich die CO_2-Konzentration in der Atmosphäre von 280 auf 387 ppm erhöht (Abb. 1) – das ist die bei weitem höchste Konzentration seit mindestens 800 000 Jahren. Dabei hat sich in der Atmosphäre rund die Hälfte der insgesamt vom Menschen freigesetzten CO_2-Menge angesammelt. Die andere Hälfte ist nicht in der Luft verblieben, sondern wurde von Ozeanen und Wäldern aufgenommen.

Natürliche Ursachen (wie Schwankungen der Sonnenaktivität oder Vulkanausbrüche) können zusätzlich das Klima beeinflussen, ändern aber nichts an der Klimawirkung unserer CO_2-Emissionen. In den vergangenen 50 Jahren haben solche natürlichen Ursachen insgesamt

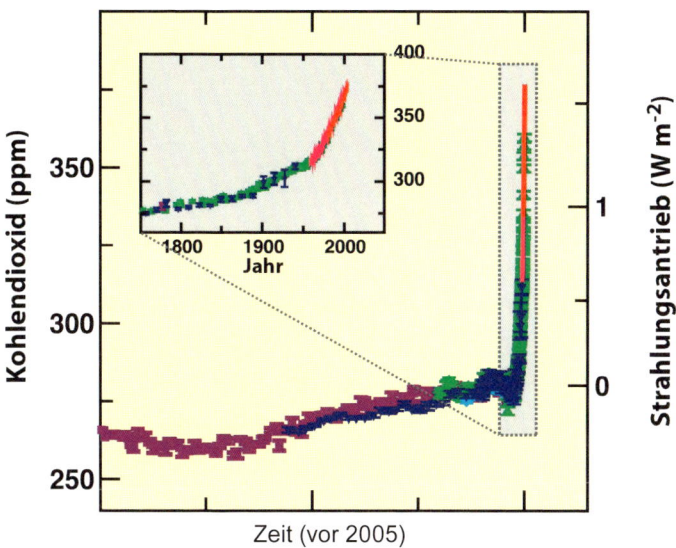

Abb. 1: Entwicklung der Kohlendioxidkonzentration in der Atmosphäre in den letzten 10 000 Jahren, aus direkten Messungen (rot) und aus Eisbohrkernen.

eine leicht kühlende Wirkung auf das Klima gehabt, vor allem weil die Leuchtkraft der Sonne abgenommen und in den letzten Jahren ihren tiefsten Stand seit Beginn der Satellitenmessungen in den 1970er-Jahren erreicht hat. Auch dies ist in der Fachwelt nicht umstritten.

Die globale Erwärmung seit 1880 (dem vorindustriellen Niveau) beträgt 0,8 °C (Abb. 2). Diese Erwärmung entspricht dem, was aufgrund der vom Menschen bislang verursachten Treibhausgasemissionen physikalisch zu erwarten ist, wenn man eine mittlere Empfindlichkeit des Klimasystems gegenüber einer CO_2-Erhöhung zugrunde legt (d. h. eine Klimasensitivität von 3 °C bei CO_2-Verdoppelung, siehe Kasten S. 62/63).

Es gibt daher auch keinen Zweifel, dass ein weiterer Anstieg der Treibhausgaskonzentration eine weitere Erwärmung nach sich ziehen wird.

Abb. 2: Verlauf der globalen Temperatur bis einschließlich 2009 aus Wetterstationen, nach Zusammenstellung des NASA Goddard Institute for Space Studies. Gezeigt sind die Jahreswerte und ein geglätteter Langzeittrend, relativ zum Mittelwert 1880–1920.

Deren Ausmaß hängt vor allem von den weiteren Emissionen ab. Für das pessimistischste Szenario des »Weltklimarats« IPCC beträgt die Bandbreite der Temperaturerhöhung bis 2100 gegenüber dem vorindustriellen Niveau 3 bis 7 °C, für das günstigste Szenario 2 bis 3 °C (IPCC, 2007).

Strahlungsantrieb und Klimasensitivität

Die bestimmende Größe für die globale Temperatur ist die Wärmebilanz unseres Planeten und damit der Strahlungsantrieb, gemessen in Watt pro Quadratmeter Erdoberfläche. Dies ist ganz analog zur Temperatur in einem Haus, die von der Leistung der Heizung (in Watt) und den Wärmeverlusten nach draußen bestimmt wird.

Menschliche Aktivitäten haben den Strahlungsantrieb der Erde bislang um 1,6 W pro m^2 erhöht. Dabei liefert der Anstieg der CO_2-Konzentration einen Beitrag von +1,7 W pro m^2, andere Treibhausgase weitere +1,3 W pro m^2 und abkühlende Effekte vor allem durch Luftverschmutzung mit Schwefelpartikeln −1,4 W pro m^2. Die abkühlenden Effekte maskieren also derzeit nahezu die Hälfte der globalen Erwärmung durch Treibhausgase. Allerdings sind diese kühlenden Stoffe kurzlebig, die Treibhausgase aber sehr langlebig.

Der Strahlungsantrieb kann mit einem einfachen Umrechnungsfaktor, der Klimasensitivität (ein Maß für die Empfindlichkeit des Klimas gegenüber Störungen), in eine globale Temperaturänderung umgerechnet werden. Die Klimasensitivität kann aus den Rückkopplungen im Klimasystem errechnet werden (mithilfe von Klimamodellen), oder sie kann aus Daten der Vergangenheit bestimmt werden: Die natürlichen Klimaänderungen der Erdgeschichte zeigen, wie empfindlich das System in der Vergangenheit auf Störungen reagiert hat. Die beste Abschätzung der Klimasensi-

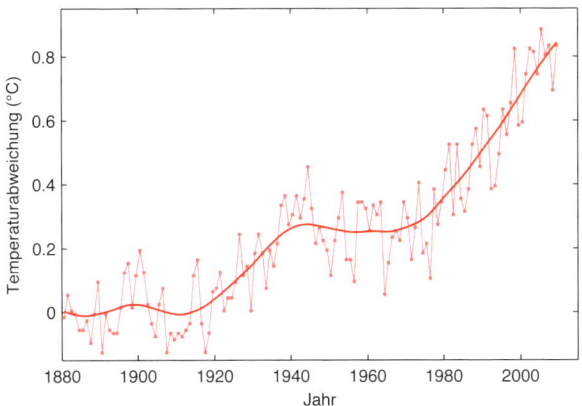

tivität beträgt 0,8 °C pro W pro m². Dies entspricht einer Erwärmung um 3 °C bei einer Verdoppelung der atmosphärischen CO_2-Konzentration, da Letztere einen Strahlungsantrieb von 3,7 W pro m² bedeutet.

Der derzeitige Strahlungsantrieb von 1,6 W pro m² führt demnach auf Dauer zu einer Erwärmung um 1,3 °C. Diese berechnete Erwärmung wird aber nicht unmittelbar spürbar, da die thermische Trägheit der Ozeane eine Verzögerung um einige Jahrzehnte verursacht. Daher wird bislang nur eine Erwärmung um 0,8 °C beobachtet. Die natürlichen Klimaantriebe, wie z. B. Schwankungen der Sonnenaktivität, sind im Verlauf der letzten 100 Jahre zu klein, um bei dieser Betrachtung eine nennenswerte Rolle zu spielen. Daher hat die Abnahme der Sonnenaktivität in den letzten Jahrzehnten die globale Erwärmung auch kaum gebremst. Die restlichen ca. 0,5 °C Erwärmung werden noch kommen, auch wenn der Strahlungsantrieb ab jetzt konstant gehalten würde.

Ohne die abkühlende Wirkung von Luftverschmutzung durch Partikel würde der Strahlungsantrieb der heute schon in der Luft befindlichen Treibhausgase von 3,0 W pro m² sogar eine Erwärmung um 2,4 °C verursachen. Ohne diesen »Kühlschirm« wäre also schon die heutige Treibhausgasmenge zu hoch, um die globale Erwärmung unter 2 °C zu halten. Daher müssten bei rascher Reduktion der Luftverschmutzung die Treibhausgasemissionen ebenfalls schneller reduziert werden.

Klimawirkungen

Selbst bei der bisher gemessenen globalen Erwärmung von 0,8 °C sind die Auswirkungen des Klimawandels bereits jetzt in allen Teilen der Welt spürbar. So ist z. B. die Sommerausdehnung des arktischen Meereises seit den 1970er-Jahren bereits um rund die Hälfte geschrumpft. Da gleichzeitig die Eisdicke stark abnimmt, schwindet das Eisvolumen noch stärker.

Der Klimawandel steht aber erst ganz am Anfang. Die Erwärmung wird in diesem Jahrhundert ein Mehrfaches von der des letzten Jahrhunderts betragen, und manche Folgen der Erwärmung machen sich erst mit zeitlicher Verzögerung bemerkbar, etwa der Anstieg des Meeresspiegels. Sollte die Erwärmung ungebremst fortschreiten und 4 °C oder mehr er-

Walrosse ruhen sich auf einer Eisscholle aus. Während sie ruhen, treibt das Eis weiter und bringt sie damit automatisch zu neuen Nahrungsgründen.

reichen, würde sich das Erdsystem samt seinen Ökosystemen fundamental verändern. Solche Temperaturdifferenzen entsprächen etwa der globalen Temperaturdifferenz zwischen dem Höhepunkt der letzten Eiszeit vor 20 000 Jahren und heute. Ein globaler Temperaturanstieg bedeutet nicht einfach nur, dass es wärmer wird. Vielmehr hat er zahlreiche weitere, für Mensch und Natur zum Teil verheerende Konsequenzen.

Anstieg des Meeresspiegels

Als Folge der Erwärmung steigt der Meeresspiegel. Dies hat zwei Hauptursachen: Die Ausdehnung des Meerwassers durch Erwärmung (40 %),

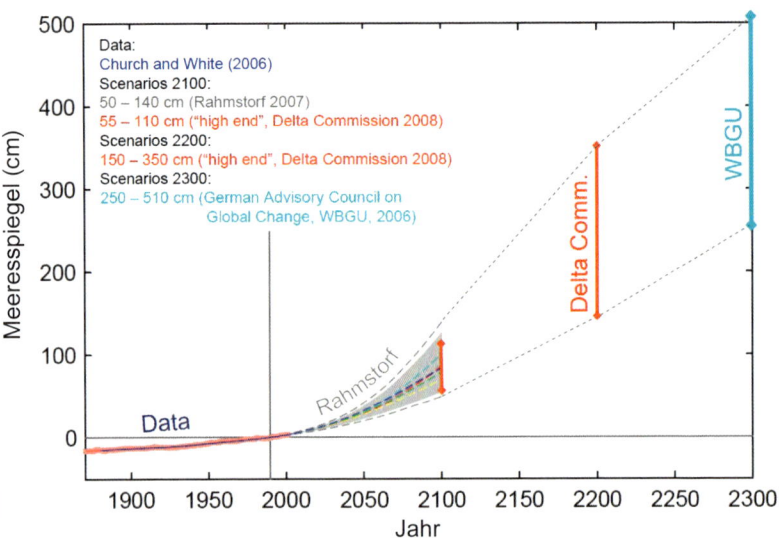

Abb. 3: Einige Abschätzungen für den künftigen Anstieg des globalen Meeresspiegels, zusammen mit Messdaten für die vergangenen 130 Jahre.

und den Zufluss von zusätzlichem Wasser ins Meer durch Abschmelzen von Gletschern (35 %) sowie den großen Kontinentaleismassen Grönlands und der Arktis (25 %). Als Reaktion auf die vom Menschen verursachte globale Erwärmung ist der globale Meeresspiegel seit 1880 um rund 20 cm angestiegen. Dabei steigt der Meeresspiegel immer rascher, je wärmer es wird. Die Anstiegsrate betrug im 20. Jahrhundert im Mittel 1,7 mm pro Jahr (nach Pegeldaten), 1993–2008 waren es bereits 3,4 mm pro Jahr (Satellitendaten).

Bis 2100 rechnet der Weltklimabericht 2007 des IPCC mit einem Anstieg um 18–59 cm, zuzüglich eines Beitrags der Eisdynamik, den IPCC für nicht quantifizierbar hielt. Seither hat sich die Erkenntnis durchgesetzt, dass insgesamt wahrscheinlich mit einem Anstieg von 50–150 cm bis 2100 zu rechnen ist. Verschiedene Abschätzungen zeigen bis 2200 einen Anstieg um bis zu 1,5–3,5 m (das Delta Committee im Auftrag der holländischen Regierung) und bis 2300 um 2,5–5,1 m (der wissenschaftliche Beirat der deutschen Bundesregierung, WBGU) (Abb. 3). Schon

50 cm Anstieg würde an vielen Orten der Erde die Sturmflutgefahren dramatisch erhöhen. Mehr als 100 Millionen Menschen leben derzeit weniger als einen Meter über Meeresniveau. Auch bei einer Stabilisierung der Treibhausgaskonzentration wird der Meeresspiegel noch über viele Jahrhunderte weiter ansteigen. Gelingt es nicht, die globale Erwärmung rasch auf niedrigem Niveau zu stoppen, wird dies zum Verlust ganzer Inselstaaten und vieler großer Küstenstädte führen.

In der Erdgeschichte waren Klimaveränderungen stets auch mit sehr großen Meeresspiegeländerungen verbunden. So war während der letzten Eiszeit der Meeresspiegel um bis zu 120 Meter niedriger als derzeit, weil so viel Wasser als Eis auf den Kontinenten gebunden war. Die heute noch vorhandenen Eismassen auf der Erde würden ausreichen, um den Meeresspiegel global um 65 Meter anzuheben. Wir können uns also nicht einmal erlauben, auch nur wenige Prozent dieses Eises zu verlieren. Zum Vergleich: Am Ende der letzten Eiszeit sind bei 5 Grad globaler Erwärmung rund zwei Drittel der damaligen Eismassen abgeschmolzen.

Dieser Tafeleisberg hat eine Kantenlänge von 212 mal 186 Meter. Seine Höhe beträgt 32 Meter. Die gesamte Masse an Eis einschließlich des eingetauchten Teils beträgt circa 10 100 000 Tonnen.

Zunehmende Wetterextreme

In vielen Regionen ist laut Weltklimabericht 2007 bereits eine Zunahme von Hitzewellen, Dürren, Starkregen, Überflutungen und der Aktivität von Tropenstürmen festzustellen. Eine weitere Zunahme dieser Wetterextreme infolge zusätzlicher Erwärmung ist je nach Art des Extremereignisses wahrscheinlich oder sogar sehr wahrscheinlich.

- *Starkregen:* In einem wärmeren Klima nimmt die Gefahr von extremen Niederschlagsereignissen zu, weil wärmere Luft mehr Wasser aufnehmen und somit auch abregnen kann.
- *Dürren:* Durch den Klimawandel verändern sich Niederschlagsmuster. Dabei werden trockene Gebiete oft noch trockener, was insbesondere in den Subtropen die Gefahr von Dürren und Wüstenbildung erhöht, u. a. im südlichen Afrika, im Mittelmeerraum, im Südwesten der USA und in Australien. Neben negativen Auswirkungen auf die Landwirtschaft und die Ökosysteme erhöht sich dadurch die Gefahr kaum zu kontrollierender Waldbrände, wie sie in Südeuropa, Kalifornien oder Australien immer heftiger auftreten.

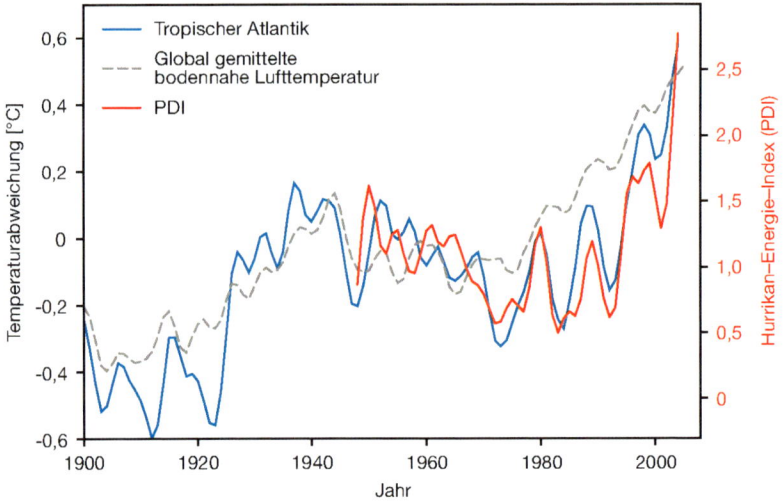

Abb. 4: Entwicklung der Zerstörungskraft der atlantischen Hurrikane (rot), zusammen mit den Meerestemperaturen im tropischen Atlantik (blau) und der globalen Temperatur (grau).

Eine Gruppe von Moschusochsen bildet eine Verteidigungsstellung, indem sie die Kälber schützend in die Mitte nehmen.

- *Tropenstürme* ziehen ihre Energie aus dem warmen Meerwasser; in einem wärmeren Klima können sie daher stärker werden. Ein solcher Trend wird für die vergangenen Jahrzehnte bereits beobachtet. Besonders gut dokumentiert ist die Zunahme im Atlantik (Abb. 4), aber neue Satellitenauswertungen zeigen eine Zunahme gerade der stärksten Stürme auch global. Obwohl die künftige Entwicklung mit Modellen noch nicht vorhersagbar ist, besteht zumindest ein erhebliches Risiko von immer heftigeren Tropenstürmen, deren Auswirkungen durch den steigenden Meeresspiegel noch verstärkt werden.
- *Hitzewellen* können schwere gesundheitliche Folgen haben; so wurden für den Rekordsommer 2003 in Mitteleuropa 30000 70000 Todesopfer ermittelt. Bei ungebremster Erwärmung wird eine solche Sommerhitze in den 2040er-Jahren etwa jedes zweite Jahr auftreten, während in den 2060er-Jahren kaum noch jemals ein so »kühler« Sommer wie 2003 zu erwarten wäre.

Verlust von Arten und Ökosystemen

Bei einer globalen Erwärmung über 2 °C hinaus werden in vielen Weltgegenden klimatische Bedingungen erreicht, wie es sie seit mehreren Jahrmillionen nicht gegeben hat. Zudem läuft die globale Erwärmung in sehr hohem Tempo ab. Zum Vergleich: Am Ende der letzten Eiszeit er-

Skulpturen aus Eis. Kein Eisberg gleicht dem anderen, deshalb wird man nie müde, sie zu betrachten.

wärmte sich das Klima global um rund 0,01 °C pro Jahrzehnt, während heute bereits knapp 0,2 °C pro Jahrzehnt erreicht werden; die gegenwärtige Erwärmung läuft also 20-mal schneller ab. Sowohl die hohe Geschwindigkeit als auch die seit Jahrmillionen unerreicht hohen Temperaturen dürften die Anpassungsfähigkeit vieler Tier- und Pflanzenarten sowie ganzer Ökosysteme überfordern.

Hinzu kommen andere Stressfaktoren, etwa die Abholzung von Wäldern und die damit verbundene Fragmentierung von Ökosystemen oder die Überfischung der Meere. Ökosysteme wie Korallenriffe und möglicherweise der Amazonasregenwald würden irreversibel geschädigt und der Verlust biologischer Vielfalt stark beschleunigt. Laut IPCC-Bericht von 2007 drohen 20–30 % der Tier- und Pflanzenarten auszusterben, wenn die Erwärmung nicht auf niedrigem Niveau gestoppt werden kann. Jenseits einer globalen Erwärmung von 2,5 °C könnten die terrestrischen Ökosysteme, die bislang einen großen Teil der CO_2-Emissionen aufgenommen haben, selbst Kohlenstoff freisetzen und somit den Klimawandel zusätzlich verstärken.

Versauerung der Ozeane

Kohlendioxid ist nicht nur ein potentes Treibhausgas, sondern es löst sich in großem Umfang als Kohlensäure im Meerwasser und führt dort zur Versauerung. Die Meere haben bisher rund ein Drittel der vom Menschen verursachten CO_2-Emissionen aufgenommen. Dies hat bereits zu einer messbaren Absenkung des pH-Werts (um ca. 0,1) geführt. Die Versauerung hat zur Folge, dass die Kalkbildung von Meeresorganismen (Korallen, Schnecken, Muscheln usw.) behindert oder im Extremfall sogar unterbunden wird. Eine ungebremste Fortsetzung der CO_2-Emissionen wird zu einer Meeresversauerung führen, die in den letzten Jahrmillionen ohne Beispiel und über viele Jahrtausende unumkehrbar ist. Sie gefährdet massiv die Funktion der marinen Ökosysteme und wäre allein schon Grund genug, die CO_2-Emissionen rasch zu reduzieren.

Kippelemente: Großunfälle im Erdsystem

In den letzten Jahren hat sich zunehmend bestätigt, dass durch eine ungebremste Erwärmung eine Reihe gefährlicher Rückkopplungen und abrupter oder irreversibler Reaktionen im Erdsystem ausgelöst werden könnte. Dazu gehört beispielsweise die plötzliche Veränderung von Meeresströmungen, ein Kollaps des Amazonaswaldes durch Trockenstress, unberechenbare Veränderungen im Monsunsystem oder eine nicht mehr rückgängig zu machende Destabilisierung großer Eismassen. Viele dieser Risiken sind nur im Ansatz oder qualitativ verstanden und können nicht quantitativ abgeschätzt werden. Die Klimageschichte, die teils sehr abrupte Veränderungen aufweist, dient hier als Warnung, dass unsere Klimamodelle möglicherweise ein zu stabiles Klima zeigen könnten.

Auswirkungen auf Mensch und Gesellschaft

Die Klimakrise droht Gesellschafts- und Wirtschaftskrisen auszulösen. Arme Bevölkerungen sind besonders verwundbar, aber auch reiche Nationen sind zunehmend gefährdet.

• Die *Wasserversorgung* für Trinkwasser, Landwirtschaft und Industrie (Kühlwasser, Wasserkraftwerke) wird durch Wetterextreme, veränderte Niederschlagsmuster und den Rückgang der Gebirgsgletscher gefährdet. So hängt die Wasserversorgung der peruanischen Küstenregion inklusive der Millionenstadt Lima zu 80 % vom Gletscherschmelzwasser ab.

- Die *Nahrungsmittelproduktion* wird bei einer Erwärmung von 2–4 °C voraussichtlich weltweit zurückgehen. Dies kann regional Ernährungskrisen auslösen und die ökonomische Leistungsfähigkeit betroffener Staaten untergraben. In China droht schon bei einem Anstieg der globalen Temperatur um 2 °C ein Rückgang des Reisertrags im Regenfeldbau um 5–12 %.
- Der Klimawandel erhöht *Gesundheitsrisiken* unmittelbar durch die Ausbreitung von Infektionskrankheiten (Malaria, Durchfall), Kreislauferkrankungen (Hitzewellen) und Verletzungsrisiken (Extremwetterereignisse). Schon 50 cm Anstieg des Meeresspiegels würde für über 100 Millionen Menschen die Sturmflutgefahren dramatisch erhöhen. Der Klimawandel war nach einer Studie der Weltgesundheitsorganisation WHO bereits im Jahre 2000 für rund 150 000 Todesfälle verantwortlich.
- Durch Zunahme von Dürren, Bodendegradation und Landverlusten durch steigenden Meeresspiegel ist eine dramatische Zunahme der Zahl von *Umweltflüchtlingen* zu befürchten.
- Die *wirtschaftliche Leistungsfähigkeit* vieler Länder ist vom Klimawandel unmittelbar betroffen. Insgesamt führt ein ungebremster Klimawandel zu einem globalen Wohlfahrtsverlust, der von den meisten Ökonomen auf mehrere Prozent des globalen BIP geschätzt wird. Der viel beachtete Stern-Report hält sogar einen wirtschaftlichen Einbruch um bis zu 20 % für möglich.
- Klimawandel wird zunehmend zu einem *Sicherheitsrisiko*, denn er erhöht die Anfälligkeit für Armut und soziale Verelendung und dürfte insbesondere die Anpassungsfähigkeit schwacher und fragiler Staaten übersteigen. Ein beschleunigter Klimawandel schafft daher, insbesondere in Entwicklungsregionen, einen günstigen Nährboden für gesellschaftlichen Zerfall, überforderte Regierungen, Verteilungskonflikte um knappe Ressourcen sowie zunehmende Unsicherheit und Gewalt. Ein ungebremster Klimawandel dürfte darüber hinaus auch das inter-

nationale System überfordern sowie neue Spannungs- und Konflikt-linien in der Weltpolitik hervorrufen. Weltweite Verteilungskonflikte um knapper werdende, lebenswichtige Ressourcen sowie Auseinan-dersetzungen um die Verantwortung für durch den Klimawandel er-zeugte Schäden wären zu erwarten.

Im Gegensatz zu den Effekten der gegenwärtigen Weltwirtschaftskrise wird die Klimawirkung unserer heutigen CO_2-Emissionen Jahrtausende anhalten, vor allem weil ein erheblicher Teil des CO_2 so lange in der Atmosphäre verweilt. Selbst wenn es gelingt, den CO_2-Ausstoß auf null zu reduzieren, nimmt die CO_2-Menge in der Luft nur langsam ab. Nach 1000 Jahren wird noch rund die Hälfte der CO_2-Menge in der Luft sein, die dort in den ersten Jahren nach Emission verbleibt. Gleichzeitig holt der Ozean aufgrund der oben besprochenen thermischen Trägheit noch Erwärmung nach. Daher sinken die Temperaturen selbst bei Nullemis-sionen über viele Jahrhunderte nur um wenige Zehntel Grad wieder ab.

Die kleine Ortschaft Cambridge Bay in der Nordwestpassage. Das Land und die Seen sind bereits schnee- und eisfrei. Auf dem Meer schwimmt noch Eis.

Die Erwärmung lässt sich also stoppen, indem der CO_2-Ausstoß eingestellt wird. Mit heute verfügbaren Methoden lässt sie sich aber nicht wieder zurückdrehen, wenn das CO_2 einmal in der Luft ist. Einige Folgen der Erwärmung sind noch weniger umkehrbar. Dazu gehört der Anstieg des Meeresspiegels, der auch bei erfolgreich gestoppter Erwärmung noch Jahrhunderte weiter gehen wird, oder der Verlust von Arten und Ökosystemen wie dem Amazonaswald oder Korallenriffen. Wegen dieser Unumkehrbarkeit muss die Klimapolitik vorausschauend handeln und ist zum Erfolg verdammt – eine zweite Chance wird es nicht geben.

Kann die Erwärmung noch auf 2 °C begrenzt werden?

Das wichtigste Ergebnis des Klimagipfels im Dezember 2009 in Kopenhagen war, dass die Staatengemeinschaft erstmals allgemein das Ziel anerkannt hat, die globale Erwärmung auf maximal 2 °C zu begrenzen. Zahlreiche Staaten – darunter die kleinen Inselstaaten und die ärmsten Länder – haben sich sogar für eine Begrenzung auf 1,5 °C eingesetzt – was auch im Schlussdokument (Copenhagen Accord) als Option festgehalten ist. Auch aus der Wissenschaft findet diese Leitplanke breite Unterstützung – wobei allerdings auch 2 °C Erwärmung nicht als »sicher« gelten kann, sondern gravierende Folgen und Risiken mit sich bringt: etwa einen Meeresspiegelanstieg, der wahrscheinlich zum Untergang mehrerer Inselstaaten führen wird. Immerhin gibt es seit 2009 erstmals einen weitgehenden politischen Konsens über das wichtigste Ziel der globalen Klimapolitik: die Begrenzung der Erwärmung auf maximal 2 °C.

Die Frage, was nötig ist, um die 2-°C-Leitplanke einzuhalten, ist nicht ganz einfach zu beantworten, da verschiedene Faktoren eine Rolle spielen: CO_2, die anderen Treibhausgase, die abkühlende Wirkung der Luftverschmutzung vor allem durch Schwefelpartikel (Aerosolwirkung), die Trägheit im Klimasystem sowie die Unsicherheiten, die eine Wahrscheinlichkeitsbetrachtung notwendig machen.

Wie aktuelle Studien deutlich zeigen, reduziert sich diese Komplexität stark, wenn man die lange Lebensdauer von CO_2 in der Atmosphäre bedenkt, wodurch auf lange Sicht die Bedeutung des CO_2 im Vergleich

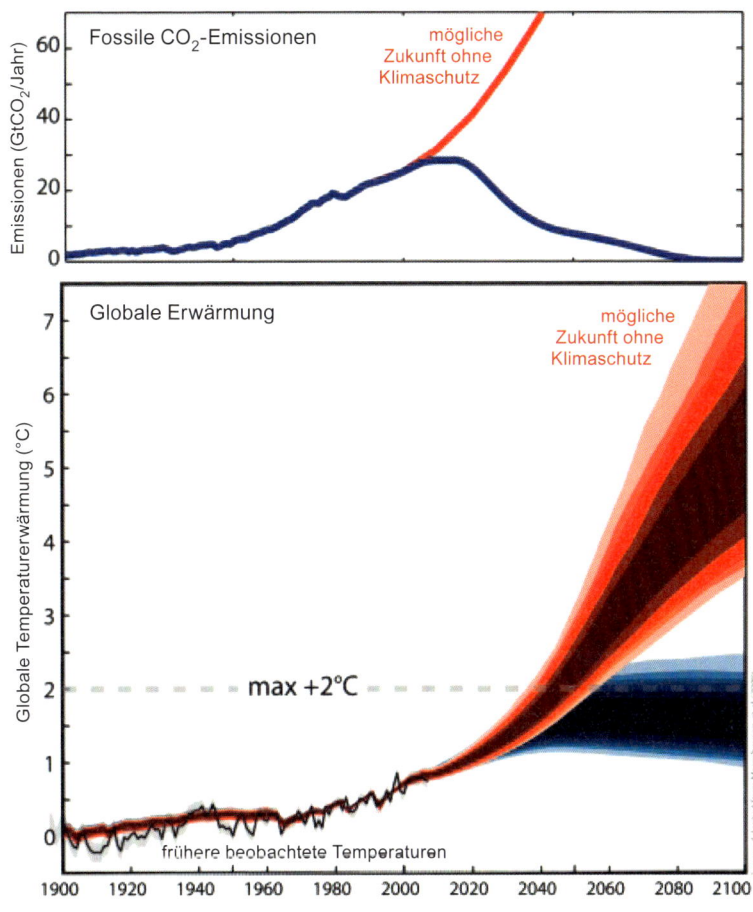

Abb. 5: Zwei exemplarisch Zukunftszenarien ohne Klimaschutz (rot) und mit erfolgreichem Klimaschutz (blau). Im oberen Teil sind die globalen Kohlendioxid-Emissionen gezeigt, im unteren die sich ergebenden globalen Temperaturen.

zu kurzlebigen Treibhausgasen und Aerosolen immer dominanter wird. Aus diesem Grund kommt es auf Dauer hauptsächlich auf eines an: Wie viel CO_2 wird insgesamt noch ausgestoßen? Die Gesamtemissionen bis

2050 bestimmen weitgehend die Chancen, die globale Erwärmung unterhalb von 2 °C zu halten. Um dies mit hoher Wahrscheinlichkeit (sagen wir eine Chance von zwei Dritteln) zu erreichen, dürfen im Zeitraum 2010 bis 2050 nur noch rund 750 Milliarden Tonnen CO_2 ausgestoßen werden (Abb. 5). Bei den derzeitigen Emissionen wird dieses Budget schon in 25 Jahren ausgeschöpft sein – bei weiter wachsenden Emissionen noch schneller.

Eine Reduktion der Emissionen muss so rasch wie möglich beginnen – jede Verzögerung führt angesichts dieses begrenzten Budgets zu später noch schärferen erforderlichen Reduktionen. Bei einer Trendwende bis 2010 und raschen Reduktionen danach muss bis 2050 der CO_2-Ausstoß bis 2050 um 60–80 % unter das Niveau von 1990 reduziert sein, mit weiteren Reduktionen danach. Eine Verzögerung der Trendwende würde die später umso schärferen Reduktionen kaum noch erreichbar machen. Jeder weitere Zeitverlust dürfte die Kosten stark nach oben treiben und die Einhaltbarkeit der 2-°C-Leitplanke insgesamt infrage stellen.

Dabei müssen die Industriestaaten wegen der derzeit sehr ungerechten Verteilung der Pro-Kopf-Emissionen noch viel rascher reduzieren als der globale Durchschnitt. Sie müssen bis 2050 die Dekarbonisierung ihrer Wirtschaft weitestgehend abgeschlossen haben. Teilte man das verbleibende CO_2-Budget bis 2050 auf gleicher Pro-Kopf-Basis auf, würden jedem Erdenbürger noch etwa 110 Tonnen fossile CO_2-Emissionen für die nächsten 40 Jahre zustehen. Da ein EU-Bürger im Durchschnitt 8,4 Tonnen jährlich emittiert (Stand: 2007), würde für uns das Budget keine 15 Jahre reichen! Dies zeigt die Gerechtigkeitslücke beim Klimawandel deutlich auf und erfordert eine enge Kooperation der reichen Staaten mit den Ländern, die nur geringe Emissionen verursachen. Über 100 Staaten, in denen deutlich mehr als die Hälfte der Weltbevölkerung lebt, liegen unter 3 Tonnen pro Kopf und Jahr, also bei weniger als einem Viertel der EU-Emissionen.

Als 1992 die Klimarahmenkonvention verabschiedet wurde, hätte bei sofortigem Handeln eine gemächliche Emissionsreduktion um weniger als ein halbes Prozent pro Jahr noch ausgereicht. Inzwischen wurde viel Zeit verloren, nicht zuletzt weil mächtige Lobbyverbände sich dem Klimaschutz entgegengestellt und systematisch öffentliche Zweifel über die wissenschaftlichen Fakten gesät haben. Dadurch fällt die Tür in eine nachhaltige Zukunft unseres Planeten derzeit gerade zu. Wir müssen sehr rasch und entschlossen handeln, um die Gefahr noch in letzter Minute abzuwenden.

DER AUTOR

Prof. Stefan Rahmstorf studierte Physik und Ozeanografie in Deutschland, Großbritannien und Neuseeland. Er ist Professor für Physik der Ozeane in Potsdam und leitet die Abteilung Erdsystemanalyse am Potsdam-Institut für Klimafolgenforschung. Schwerpunkt seiner Forschung ist die Rolle der Meeresströme bei Klimaänderungen. Rahmstorf hat über 60 Fachpublikationen veröffentlicht und ist Koautor von drei Büchern. Sein neuestes Buch »The Climate Crisis« ist ein allgemein verständlicher Überblick über den aktuellen Stand der Klimaforschung, Auswirkungen des Klimawandels und mögliche Gegenstrategien.

Die öffentliche Diskussion – Wahrheiten und Unwahrheiten

Am 8. März 2007 strahlte der britische TV-Sender Channel 4 einen Film des Autors Martin Durkin unter dem Titel »The Global Warming Swindel« aus – zu Deutsch frei übersetzt: »Der Schwindel mit der Klimaerwärmung«. Dieser Film sorgte für einige Aufregung, wurde von Experten scharf kritisiert und dennoch in einer überarbeiteten Fassung auch in Deutschland von RTL und n-tv ausgestrahlt. Daran änderte auch der Umstand nichts, dass gegen Durkin wegen Verfälschung von Tatsachen und manipulierten Grafiken eine Beschwerde bei der britischen Medienaufsicht eingereicht wurde. Als ich den Film das erste Mal sah, war ich zugegebenermaßen perplex. Ich bildete mir ein, mich in Sachen Klimawandel ziemlich sachkundig gemacht zu haben. Trotzdem – obwohl ich vom Gegenteil der Aussage im Film überzeugt war – fiel es mir schwer, die Argumente der Experten im Film zu entkräften. Ich stellte schlichtweg fest, dass ich dieser Diskussion nicht gewachsen war. Also holte ich mir Rat bei Leuten, die es besser wissen sollten – bei einem Wissenschaftler.

Gemeinsam mit Dr. Notz vom Max-Planck-Institut für Meteorologie in Hamburg – einer der Koautoren dieses Buches – sah ich mir den Film erneut an. Was war wahr an den Thesen im Film – und was war falsch oder gar zielgerichtete Propaganda? Schließlich kommen im Film auch namhafte Wissenschaftler zu Wort. Mir ging es schlicht darum, eventuell versteckte Unwahrheiten oder irreführende Darstellungen aufzudecken. Und davon strotzt der Film geradezu.

Der Film, den sich inzwischen jeder kostenlos im Internet herunterladen kann, ist professionell und technisch gut gemacht und wirkt daher zunächst auch auf den Betrachter überzeugend. Sein Titel ist Aussage und Programm zugleich. Der menschengemachte Klimawandel ist eine einzige große Lüge, gesteuert von einer Lobby von Wissenschaftlern und Forschungsinstituten, die sich durch das geschickte Kokettieren mit den Ängsten der Bevölkerung enorme Forschungsmittel erhoffen. Es kommen Wissenschaftler zu Wort, die unisono vor laufender Kamera bedeutungsschwer sagen, dass die Sache mit dem menschengemachten Klimawandel jeglicher Grundlage entbehrt. Ein Zusammenhang zwischen CO_2 und der Erwärmung der Atmosphäre sei wissenschaftlich nicht belegbar, was anhand von Grafiken, die die Absurdität dieser Theorie untermauern sollen, wirkungsvoll in Szene gesetzt wird. Nicht die gestiegene Menge an CO_2 sei für die Erwärmung der Atmosphäre verantwortlich, sondern die Sonnenaktivität.

Untermauert wird diese Behauptung durch eine Grafik, die eine Korrelation zwischen der Temperatur und den Sonnenfleckenaktivitäten zeigt.

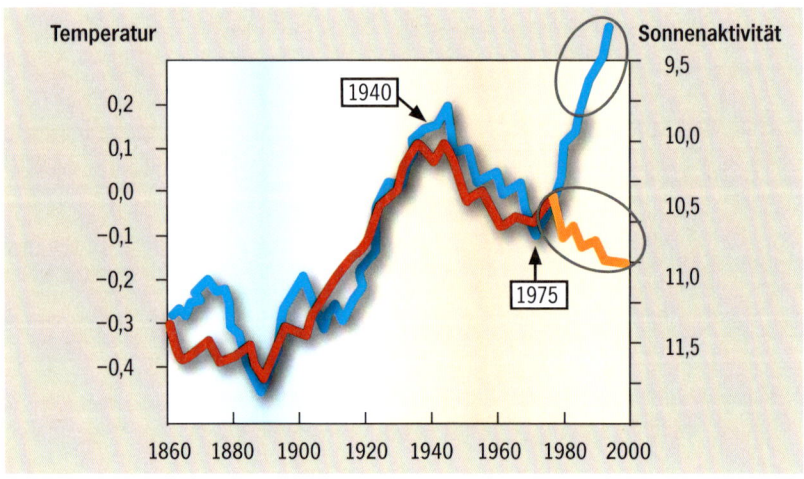

Beide Kurven scheinen synchron zu verlaufen. Was für den Zuschauer aber nicht ohne weiteres ersichtlich wird, ist der Umstand, dass diese Darstellung durch schlichtes Weglassen manipuliert wurde. In der Grafik steigt die blaue Kurve, die den Temperaturanstieg verdeutlicht, nach 1980 weiter steil an, wohingegen die rote Kurve, die die Korrelation mit der Sonnenaktivität verdeutlichen soll, im Jahre 1980 abbricht. Tatsächlich fällt diese Kurve aber nach 1980 weiter ab – womit die Abhängigkeit von Sonnenaktivität und Temperaturanstieg widerlegt wird. Genau das unterschlägt die gezeigte Grafik! Durch das gezielte Weglassen dieser Daten werden den Zuschauern falsche Tatsachen vorgespiegelt. Fakt ist aber, dass der größte Teil der Erwärmung eben seit 1980 stattgefunden hat.

Eine andere Grafik soll belegen, dass es bereits im Mittelalter wärmer war als heute. »Heute« – für den Zuschauer wiederum kaum erkennbar – ist in dem Film aber auf das Jahr 1975 bezogen. Würde man die Kurve bis ins Jahr 2010 fortführen, würde man nämlich sehen, dass es heute – 2010 – deutlich wärmer ist als im Mittelalter.

Und so geht es weiter. Selbst ein ehemaliges Gründungsmitglied von Greenpeace kommt zu Wort, das sich wegen seiner Kritik an der Klimaerwärmungstheorie massiven Repressalien ausgesetzt sieht. »Man wird behandelt wie ein Holocaust-Leugner«, klagt er vor laufender Kamera.

Andere, wie der im Film zu Wort gekommene Professor Carl Wunsch, distanzierten sich später von dem Film. Wunsch sprach »von einer Verdrehung seiner Aussagen«.

Auch die Aussage im Film, dass sich die Atmosphäre nach dem Zweiten Weltkrieg trotz massiver Industrialisierung und damit verbundenen Emissionen sogar abgekühlt habe, was als Beweis gewertet wird, dass eine Erderwärmung andere Ursachen haben müsse als CO_2-Emissionen, ist längst widerlegt. Die seinerzeit enormen Staub- und Abgasmengen, die durch die ungefilterten Schlote in die Atmosphäre entlassen wurden, sorgten dafür, dass sich eine Dunstschicht ausbildete, die tatsächlich die Sonnenstrahlung von der Erdoberfläche ausfilterte. Nachdem durch den Einsatz modernerer Industrieanlagen diese Dreckschicht allmählich verschwand, stieg auch die Temperatur an. – Abgesehen davon, dass die Halbwertzeit der Staub- und Abgasmengen erheblich geringer ist als die der in der Atmosphäre befindlichen Treibhausgase.

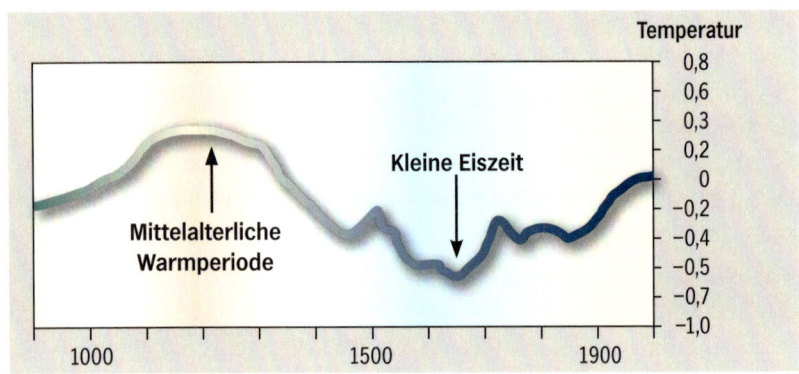

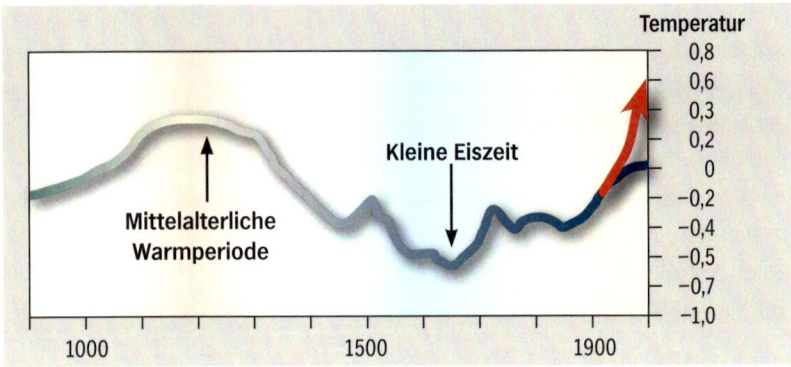

In diesem Zusammenhang ist die Zusammensetzung des im Film so gescholtenen UN-Weltklimarates interessant:

Als das IPCC (Intergovernmental Panel on Climate Change) 1988 gegründet wurde, ging es primär darum, die gesammelten Forschungsergebnisse in Sachen Klimawandel zu bewerten und sie in verständlicher Form an die Politik – sozusagen als Gutachtergremium – weiterzureichen. Bis zu jenem Zeitpunkt forschte jeder still und allein vor sich hin. Ein Austausch mit anderen Wissenschaftlern fand international nur sehr eingeschränkt statt. Auch in der Öffentlichkeit fand der Klimawandel 1988 kaum statt. Damals gab es weltweit gerade einmal einige hundert Wissenschaftler, die an dem Thema arbeiteten. Die Bevölkerung interessierte sich bestenfalls für das damals entstehende Ozonloch. Heute hingegen beschäftigen sich viele Tausende Spezialisten mit dem Thema Klimawandel. Mit der Installation des

IPCC sollte das gesammelte Wissen gebündelt, gefiltert, gesichtet und damit transparenter werden. Hauptaufgabe des IPCC war und ist es festzustellen, ob es den Klimawandel tatsächlich gibt oder eben nicht, bzw. was für Ursachen dazu beitragen. Wichtig ist dabei, dass nicht das IPCC die Forschung betreibt, sondern es fungiert sozusagen als Sammelstelle für Forschungsergebnisse aus aller Welt. Das IPCC wertet die interdisziplinären Ergebnisse aus, übersetzt sie in allgemein verständliche Sprachen und trifft letztendlich eine Bewertung. Der rund 1000 Seiten umfassende »IPCC-Sachstandsbericht« – uns ist er als UN-Klimabericht bekannt – wird nochmals für politische Entscheidungsträger reduziert. Bis dieser Bericht freigegeben wird, feilen abermals rund 450 Wissenschaftler aus 130 Nationen an der Schlussfassung und genauen Formulierungen. Bei aller möglichen Kritik an dem Gremium, es fällt mir schwer zu glauben, dass – wie es von den Klimaskeptikern gerne kolportiert wird – die am IPCC beteiligten Wissenschaftler wie in einer Art Geheimbund Bedrohungsszenarien in die Welt setzen, um Forschungsmittel zu bekommen, und quasi damit die Welt an der Nase herumführen. Trotzdem hat es in der letzten Zeit auch durchaus berechtigte Kritik an dem Gremium gegeben. Zunächst fing es mit der illegalen Veröffentlichung von E-Mails an, die Wissenschaftler untereinander vertraulich ausgetauscht hatten. Deren Inhalt beschäftigte sich unter an-

Einige Gletscher Grönlands sind so aktiv, dass die Fjorde mit Eisbergen regelrecht verstopft sind.

derem mit der Fragestellung, wie man sich gegen unliebsame Kritik aus den eigenen Reihen schützt und bestimmte Kritiker ausgrenzt. Wenig schmeichelhaft für die beteiligten Wissenschaftler, aber immerhin auch nur ein vertraulicher Gedankenaustausch. Kurz darauf machte die Meldung in den Medien die Runde, dass die Himalajagletscher bis 2035 abschmelzen werden – eine Aussage, die laut Expertenmeinung schlichtweg falsch ist. Inzwischen ist klar, dass diese Angaben aus sogenannten »grauen Quellen« stammen, also Quellen, die von Nicht-Wissenschaftlern oder -Organisationen zur Verfügung gestellt werden. Sicherlich ist hier ein Fehler passiert, aber einer, der sich von nun an insofern vermeiden lässt, indem man diese Quellen zukünftig genauer untersucht, bevor sie in die Berechnungen einfließen. Letztlich ist auch der IPCC-Chef Rajendra Pachauri unter Beschuss geraten. Angeblich soll es wirtschaftliche Verbindungen geben zwischen ihm und einem Institut, dem er vorsteht. Insofern mag die Kritik einiger Klimaskeptiker am IPCC durchaus berechtigt sein. Aber deshalb gleich alle beteiligten Wissenschaftler in ein und dieselbe Ecke zu stellen, ist sicherlich unangemessen. Es bleibt bei einer so großen Organisation schwerlich aus, dass es auch gelegentlich zu Fehlern und Problemen kommt. Aber der Verdacht der vereinzelten Vorteilsnahme und Manipulation muss geklärt und in Zukunft ausgeschlossen werden, um weiteren Schaden abzuwenden. Einer, der sich unter anderen öffentlich sehr deutlich zu diesen Vorfällen geäußert hat, ist der deutsche Klimaforscher Hans von Storch. Im Magazin »Focus« (6/2010) hat er diese Kritik sehr präzise formuliert – gleichwohl aber auch gesagt, dass er den IPCC *»für eine sehr nützliche Einrichtung hält. Seine Klimaphysik-Arbeitsgruppe ist unverzichtbar. Sie fasst das vorhandene Wissen hervorragend zusammen, ihre Hauptaussagen zur menschengemachten Erwärmung sind sehr fundiert. … Der menschengemachte Klimawandel ist eine reale Entwicklung, und die Staaten dieser Welt müssen darauf reagieren«.*

Hans von Storch macht Veränderungsvorschläge die Organisation des IPCC betreffend, stellt aber die Institution und deren Arbeit als solche nicht infrage – im Gegenteil! Der Vorwurf, der gesamte IPCC sei korrupiert und nur auf die eigene Vorteilsnahme bedacht, ist sicher unsinnig.

Insbesondere gilt das, wenn man sich auch die beteiligten Länder anschaut, die den IPCC-Report mit unterzeichnet haben. Darunter befinden

Die Nahrungskette in der Antarktis ist sehr empfindlich, denn die Lebewesen reagieren sensibel auf Temperaturschwankungen.

sich eben auch Länder wie die USA, denen man gerade zurzeit der Bush-Administration wahrlich keine Sympathie gegenüber Klimaschutzmaßnahmen unterstellen konnte. Auch Länder wie China, Indien und Russland haben unterschrieben.

Als besonders infam empfinde ich die Aussage im Film, dass die »Klimaschützer« die industrielle Entwicklung der armen Länder unterbinden wollen. Der »African Dream«, der die Vision einer modernen, wirtschaftlich gesunden Gesellschaft in Afrika symbolisiert, würde durch die angestrebten CO_2-Emissionsgrenzen zerstört, so die Aussage des Films.

Genau das Gegenteil ist der Fall. Es stimmt, die armen Länder sind besonders betroffen vom Klimawandel. Auf der anderen Seite besteht für sie gerade die Möglichkeit, durch erneuerbare Energieformen wie z. B. Solarenergie neue, lukrative Wirtschaftszweige und damit auch Wohlstand zu generieren.

Propheten sind natürlich aber auch die beteiligten Wissenschaftler nicht. Eine exakte Übereinstimmung bei der Frage, ob es einen menschengemachten Klimawandel gibt, wird keiner ernsthaft erwarten können. Wissenschaftler sind keine Zocker – sie können sich nur auf gesicherte Daten verlassen. Deshalb ist eine hundertprozentige Übereinstimmung im Bewertungsschema des IPCC auch gar nicht vorgesehen.

IPCC-Bewertunsgskala:	
Praktisch sicher	› 99 %
Sehr wahrscheinlich	90–99 %
Wahrscheinlich	66–90 %
Eher wahrscheinlich	33–66 %
Unwahrscheinlich	10–33 %
Sehr unwahrscheinlich	1–10 %
Extrem unwahrscheinlich	‹ 1 %

Das IPCC ist in seinem vorerst letzten Klimabericht aus dem Jahre 2007 zu dem Schluss gekommen, »*dass es sehr wahrscheinlich ist, dass der größte Anteil der beobachteten Erwärmung seit Mitte des 20. Jahrhunderts von der von Menschen ausgelösten, verstärkten Freisetzung von Treibhausgasen verursacht wird*«. Das heißt im Klartext: Das Wissenschaftsgremium hat sich auf eine Wahrscheinlichkeit von 90–99 % einigen können, dass Gase wie CO_2, Methan, Lachgas und andere Kohlenstoffverbindungen, die durch das Verbrennen fossiler Brennstoffe durch uns Menschen freigesetzt werden, ursächlich dafür verantwortlich sind, dass sich die Atmosphäre aufheizt.

Natürlich besteht rein theoretisch die Wahrscheinlichkeit, dass sich alle beteiligten Wissenschaftler irren. Aber warum leisten wir uns dann überhaupt eine teure Wissenschaft, wenn wir nicht bereit sind, ihren Prognosen, die eine sehr hohe Wahrscheinlichkeit aufweisen, zu glauben? Nur weil es einige Menschen gibt, die ihr Leben lang Kettenraucher waren und sich mit über 90 Jahren immer noch einer altersentsprechend guten Gesundheit erfreuen, wird kaum einer ernsthaft den Umkehrschluss ziehen wollen und sagen, dass Kettenrauchen eine lebensverlängernde Maßnahme darstellt.

Die Wissenschaft hat das Gegenteil bewiesen, und selbst die Raucher haben das damit verbundene Risiko für sich akzeptiert.

Inzwischen gibt es wohl kaum noch einen Wissenschaftler, der bezweifelt, dass die CO_2-Emissionen für den Klimawandel verantwortlich sind. Es ist überhaupt ziemlich still um diejenigen geworden, die den Klimawandel insgesamt abstreiten. Das war vor ein bis zwei Jahren noch ganz anders. Dafür konzentrieren sich die Klimaskeptiker heute mehr darauf, das CO_2 als Ursache für die Klimaerwärmung infrage zu stellen sowie die Folgen zu bagatellisieren. So werden z. B. Naturphänomene für eine Erwärmung verantwortlich gemacht oder normale Klimazyklen – alles andere als CO_2 ist gerade recht und billig und mag als Erklärung herhalten, solange nur die fossilen Brennstoffe aus dem Spiel bleiben. Das lässt mich argwöhnisch werden.

Aber die Unsicherheit in der Bevölkerung bleibt. »Das ist doch alles gar nicht bewiesen«, ist ein viel gehörter Ausspruch. Bisweilen habe ich das Gefühl, dass sich die Menschen geradezu an die Hoffnung, dass die Wissenschaft irrt, klammern. Wer mag schon lieb gewonnene Gewohnheiten aufgeben?

Da sind dann plötzlich Vulkanausbrüche und die Ozeane schuld an der Klimaerwärmung, die angeblich viel mehr CO_2 emittieren als die Menschheit. Dabei ist längst bewiesen, dass wir Menschen etwa 50-mal so viel emittieren wie alle Vulkane dieser Erde zusammen. Und die Ozeane binden netto sogar große Mengen CO_2 – solange, bis sie gesättigt und übersäuert sind und nichts mehr aufnehmen können –, von den dazugehörigen Folgen des ozeanweiten Artensterbens mal ganz abgesehen.

Unbestritten ist, dass wir durch das Verbrennen fossiler Rohstoffe jedes Jahr in der Größenordnung von 25 Milliarden Tonnen CO_2 in die Atmosphäre zusätzlich einbringen. Um diesen Betrag erhöht sich sozusagen die natürliche CO_2-Bilanz. Der bislang funktionierende natürliche CO_2-Kreislauf wird durch den jährlichen Neueintrag aus dem Gleichgewicht geworfen. Dazu lesen wir im nächsten Kapitel mehr.

Egal von welcher Seite – die Diskussion um den Klimawandel muss redlich und sachlich korrekt geführt werden. Lobbyisten mit Geld und Macht im Hintergrund fürchten darum, dass fossile Brennstoffe an Bedeutung verlieren können: Aus diesem Grund sollte man sehr genau darauf achten, wer welche Informationen streut.

Der menschengemachte Klimawandel

Dirk Notz

Das Klima der Erde hat sich, wie wir im Kapitel »Natürlicher Klimawandel« gesehen haben, seit Milliarden von Jahren immer wieder gewandelt. Es gab Zeitspannen, in denen es überhaupt kein Eis auf der Erde gab, dann wieder war für Millionen von Jahren nahezu die gesamte Erde von Eis und Schnee bedeckt. Es gab Zeiten, die deutlich kälter waren als heute, und Zeiten, die deutlich wärmer waren. Natürlicher Klimawandel hat also schon immer das Bild unserer Erde entscheidend geprägt – wie so sollte dann ausgerechnet der zurzeit stattfindende Klimawandel vom Menschen und nicht einfach durch natürliche Schwankungen verursacht worden sein? Und was soll so schlimm sein an diesem Klimawandel, wenn doch das Leben auf der Erde vermutlich in der Vergangenheit weitaus größere Schwankungen des Erdklimas über sich hat ergehen lassen müssen? Wäre es wirklich so dramatisch, wenn im Sommer das Meereis in der Arktis und damit wohl auch Tierarten wie der Eisbär oder die Ringelrobbe verschwinden würden? Steht wirklich so viel auf dem Spiel – oder wäre es nicht sinnvoll, erst mal einfach abzuwarten und zu sehen, wie gravierend der derzeitige Klimawandel denn wirklich ausfallen wird? Dies sind einige der Fragen, die uns in diesem Kapitel beschäftigen sollen. Es stellt damit gleichsam die Fortschreibung des Kapitels über den natürlichen Klimawandel dar, es beschreibt jene letzte Sekunde des dort beschriebenen Erdjahres und ein klein wenig auch die ersten Sekunden des nächsten Erdjahres – oder anders ausgedrückt, es beschreibt die Entwicklung des Klimas seit dem Beginn der industriellen Revolution vor etwa 150 Jahren bis heute und gibt einen kleinen Ausblick auf das, was uns vermutlich in den nächsten Jahrzehnten und Jahrhunderten erwarten wird.

Beginnen wir mit der teilweise geäußerten Einschätzung, dass der Mensch doch überhaupt nicht in der Lage sei, das Klima der Erde zu beeinflussen – schließlich sei doch die Atmosphäre der Erde so gigantisch groß, dass die paar Autoabgase, das bisschen Kohlendioxid aus Kraftwerken und Schornsteinen keinen wirklich großen Einfluss haben können. Leider ist diese Annahme falsch. Erstens ist die Erdatmosphäre viel dünner, als häufig angenommen wird: Bereits in einer Höhe von etwa 5500 Metern hat man die Hälfte der Erdatmosphäre unter sich gelassen. Oder anders ausgedrückt: Wenn man den Durchmesser der Erde auf die Körpergröße eines Menschen verkleinern würde, dann wäre der Hauptteil der Atmosphäre nur etwa einen Millimeter dick. Zweitens ist der Anteil der Treibhausgase, die für das Klima auf der Erde so entscheidend sind, in der Erdatmosphäre sehr gering – und es ist vor allem dieser geringe Anteil an Treibhausgasen, der durch den Menschen beeinflusst wird. So erzeugt zum Beispiel ein durchschnittliches Auto auf einer Strecke von 100 Kilometern fast 10 000 Liter gasförmiges Kohlendioxid. Dies entspricht der Menge an Kohlendioxid, die in einem drei Meter hohen Luftvolumen über einem durchschnittlichen Fußballfeld enthalten sind. Die 100 Kilometer weite Autofahrt führt also dazu, den Gehalt an Kohlendioxid in diesem doch recht großen Volumen zu verdoppeln. Es besteht heute keinerlei Zweifel mehr daran, dass der Mensch in der Lage ist, die Zusammensetzung der Erdatmosphäre entscheidend zu beeinflussen. So lassen zum Beispiel Messungen, die seit den 1950er-Jahren auf dem Mauna Loa in Hawaii durchgeführt worden sind, auf den ersten Blick zwei Dinge erkennen (Abb. 1): Zum einen ein ständiges Auf und Ab des Kohlendioxidgehalts mit niedrigeren Werten im Frühjahr und

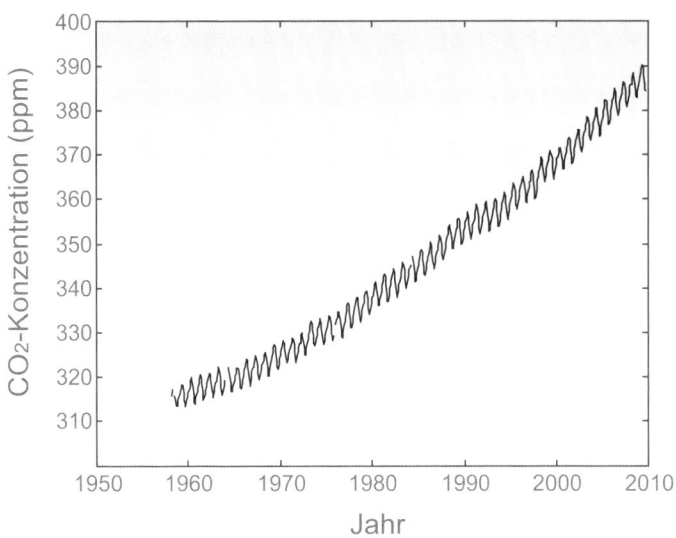

Abb. 1: Entwicklung des Kohlendioxidgehalts in der Luft seit dem Ende der 1950er-Jahre. Die Daten wurden auf dem Mauna Loa auf Hawaii gemessen und geben die Konzentration des Kohlendioxids in ppm (Teile pro 1 Million Luftmoleküle) an. (Daten zusammengestellt von Dr. Pieter Tans, NOAA/ESRL [www.esrl.noaa.gov/gmd/ccgg/trends/])

hohen Werten im Herbst eines jeden Jahres. Dieses Auf und Ab hängt vor allem mit dem Wachsen und Verrotten von Blättern auf der Nordhalbkugel zusammen: Im Frühjahr wird Kohlenstoff aus der Atmosphäre gebunden und in Biomasse umgewandelt, beim langsamen Verrotten dieser Biomasse im Herbst und Winter wird dieser Kohlenstoff wieder in die Atmosphäre freigesetzt. Zum anderen ist aber auch ein langsamer, stetiger Aufwärtstrend zu erkennen. Jedes Jahr befindet sich also etwas mehr Kohlendioxid in der Atmosphäre als im Jahr zuvor. Die Menge an Kohlendioxid, die diesen Aufwärtstrend von einem Jahr zum nächsten hervorruft, entspricht etwa der Hälfte jenes Kohlendioxids, das die Menschen im Laufe eines Jahres durch die Verbrennung fossiler Brennstoffe und von Biomasse in die Atmosphäre freisetzen (die andere Hälfte

Eis, so weit das Auge reicht. Aber der Schein trügt. Im arktischen Sommer nimmt das Eis ungewöhnlich schnell ab, und es wird insgesamt auch dünner. Im Winter bildet sich dann zwar wieder neues Eis, das aber häufig nicht den nächsten Sommer überdauert.

des vom Menschen freigesetzten Kohlendioxids wird zurzeit noch vom Land und dem Ozean aufgenommen). Mittels moderner Methoden ist es heutzutage möglich, zweifelsfrei nachzuweisen, dass ein immer größerer Teil des Kohlendioxids in der Atmosphäre aus der Verbrennung fossiler Brennstoffe stammt. Es kann daher keinen ernst zu nehmenden Zweifel mehr daran geben, dass der Anstieg des Kohlendioxidgehalts der Atmosphäre in den letzten Jahrzehnten fast ausnahmslos vom Menschen verursacht worden ist. Ebenfalls keinen ernsthaften Zweifel gibt es an der Tatsache, dass Kohlendioxid nach dem in der Erdatmosphäre vorhandenen Wasserdampf das zweitwichtigste Treibhausgas ist und dass jeder Anstieg des Kohlendioxidgehalts den Treibhauseffekt verstärkt und

somit zu einer Erwärmung der Erde führt. Dies sind Tatsachen, die kein Wissenschaftler ernsthaft bestreiten würde. Es gilt daher als absolut sicher, dass der Mensch prinzipiell das Klima der Erde verändern kann.

Deutlich schwieriger ist jedoch die Frage zu beantworten, welcher Anteil der bisher gemessenen Erwärmung tatsächlich vom Menschen verursacht worden ist. Diese Schwierigkeit ergibt sich aus der Tatsache, dass die Durchschnittstemperatur an der Erdoberfläche von einer Vielzahl von Faktoren bestimmt wird, wobei allerdings zwei Faktoren eine Hauptrolle spielen: erstens die Menge an Sonnenlicht, die an der Erdoberfläche in Wärme umgewandelt wird, zweitens die Menge an Wärmestrahlung, die durch die Treibhausgase von der Atmosphäre zum Erdboden gestrahlt wird. Um die vergangene Entwicklung des Klimas zu verstehen und um die zukünftige Entwicklung prognostizieren zu können, muss die zeitliche Entwicklung dieser beiden Faktoren bekannt sein – oder zumindest für die Zukunft abgeschätzt werden können.

Eine solche Zeitreihe kann dann als Antrieb für sogenannte Kli-

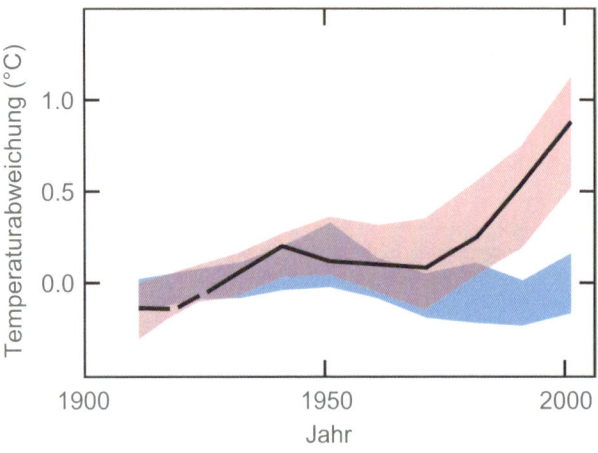

Abb. 2: Vergleich der beobachteten Temperaturentwicklung im 20. Jahrhundert mit Simulationen von Klimamodellen. Die schwarze Kurve zeigt den geglätteten Verlauf der gemessenen Temperatur im 20. Jh., wobei der gestrichelte Anfangsteil der Kurve eine relativ geringe Datendichte beschreibt. Die blau schraffierte Kurve zeigt den simulierten Temperaturverlauf in verschiedenen Klimamodellen an, wenn ausschließlich natürliche Antriebsfaktoren wie Sonnen- und Vulkanaktivität in die Berechnungen einbezogen werden. Die rosa schraffierte Kurve zeigt den simulierten Temperaturverlauf, wenn zusätzlich der menschengemachte Klimaantrieb in die Berechnungen einbezogen wird. (Aus dem IPCC-Weltklimareport, 2007, Abb. TS. 22)

mamodelle verwendet werden, um zum Beispiel die Ursachen für die Klimaschwankungen im Laufe des 20. Jahrhunderts zu untersuchen. In diesen Klimamodellen, die im Grunde nichts anderes sind als sehr komplexe Computerprogramme, wird versucht, unser derzeitiges Verständnis des Klimasystems in Form mathematischer Gleichungen zu formulieren, die vom Computer gelöst werden. Diese Gleichungen beschreiben zum Beispiel den Austausch von Wärme zwischen dem Ozean und der Atmosphäre, den Einfluss der Sonnenstrahlung auf die Bildung von Wolken und auf die Temperatur an der Erdoberfläche, die Wirkung von Vulkanausbrüchen, die Reflexion von Sonnenlicht auf Schnee- und

Eisflächen, das Wachsen und Verrotten von Blättern und den Transport von Wärme mit dem Golfstrom. Die Lösung dieser Gleichungen ergibt dann ein vom Computer simuliertes Klima, das anschließend mit dem tatsächlichen Klima der Erde verglichen werden kann.

In Abbildung 2 ist ein solcher Vergleich gezeigt: Die schwarze Kurve in dieser Abbildung zeigt die gemessene Durchschnittstemperatur an Land im 20. Jahrhundert. Deutlich ist zu erkennen, dass die Temperatur in den ersten Jahrzehnten des Jahrhunderts angestiegen ist, anschließend für etwa zwei Jahrzehnte sank und seit dem Ende der 1970er-Jahre bis zum Ende des Jahrhunderts wieder angestiegen ist. Diesen Temperaturverlauf haben Wissenschaftler mit Klimamodellen nachzuvollziehen versucht, das Ergebnis dieser Berechnungen wird durch die blau und die rosa schraffierten Kurven dargestellt.

Die blau schraffierte Kurve, die ebenfalls zunächst einen Anstieg der Temperaturen bis etwa Mitte des Jahrhunderts und anschließend nach einem leichten Abfall etwa gleich bleibende Temperaturen zeigt, ist dabei das Ergebnis von Computerberechnungen, in denen der vom Menschen verursachte Anstieg des Kohlendioxids in der Erdatmosphäre nicht berücksichtigt worden ist. Nur die Änderungen in den natürlichen Klimaantrieben, wie zum Beispiel schwankende Sonnenaktivität und Vulkanausbrüche, wurden für diese Simulationen berücksichtigt – und es wird deutlich, dass der Anstieg zu Beginn des Jahrhunderts und ein Teil der Abkühlung ab der Mitte des Jahrhunderts problemlos durch Schwankungen der natürlichen Antriebsfaktoren erklärt werden können: Zu Beginn des Jahrhunderts stieg die Sonnenaktivität über mehrere Jahrzehnte langsam an, und es gab viele Jahrzehnte lang keine gravierenden Vulkanausbrüche, was zusammengenommen zu einer Klimaerwärmung führte.

In der zweiten Hälfte des Jahrhunderts hingegen war die Sonnenaktivität relativ gering und annähernd gleich bleibend – der Temperaturanstieg zum Ende des 20. Jahrhunderts kann daher vermutlich nicht durch natürliche Antriebsfaktoren erklärt werden. Erst wenn man auch die vom Menschen verursachte Verstärkung des Treibhauseffekts in die Berechnungen mit einbezieht, erhält man eine recht genaue Übereinstimmung mit den Messwerten (rosa Kurve). Diese hohe Übereinstimmung ist ein deutliches Indiz für die Vermutung, dass die Erwärmung der Erde seit etwa 1970 zu einem großen Teil vom Menschen verursacht worden ist – und macht es darüber hinaus äußerst wahrscheinlich, dass der anhaltende Ausstoß von Kohlendioxid durch den Menschen zu einer weiteren Erwärmung der Erde führen wird. Allerdings darf diese Tatsache nicht zu der Annahme verleiten, dass wir in Zukunft jedes Jahr neue Temperaturrekorde zu erwarten hätten: Es wird auch in Zukunft immer wieder Schwankungen im Klimasystem geben, zum Beispiel durch Änderungen in der Sonneneinstrahlung oder der Ozeanzirkulation, die trotz der langsam fortschreitenden Erwärmung immer wieder zu einer vorübergehenden Abnahme der Durchschnittstemperaturen führen können.

Vielleicht lässt sich diese Entwicklung mit einem einfachen Vergleich verdeutlichen: Kaum jemand wird Anfang Januar bezweifeln, dass es mit sehr hoher Wahrscheinlichkeit im Juni deutlich wärmer sein wird. Allerdings dürfte es äußerst unwahrscheinlich sein, dass es zwischen Januar und Juni gleichmäßig jeden Tag ein bisschen wärmer wird – wärmere Abschnitte werden sich immer wieder mit kühleren Abschnitten abwechseln, wobei diese kühleren Abschnitte aber nicht im Widerspruch zu der anfänglichen Aussage stehen, dass der Juni wärmer sein dürfte als der Januar. Ähnlich sieht es mit dem Klima aus: Es ist äußerst wahrscheinlich, dass es Ende des 21. Jahrhunderts wärmer sein wird als heute – was aber nicht bedeutet, dass es bis dahin jedes Jahr ein kleines bisschen wärmer werden wird.

Das Kapitel »Klimawandel durch Treibhausgase« enthält einen Überblick über die möglichen Konsequenzen, die aus dieser vom Menschen verursachten Erwärmung erwachsen. Hier soll noch einmal etwas näher auf die Auswirkungen dieser Erwärmung in den Nordpolargebieten eingegangen werden, und zwar aus zwei Gründen: Erstens wird die Erwärmung in diesen Gebieten weitaus stärker und früher spürbar sein als in anderen Gebieten der Erde, weshalb sich aus den in den Polargebieten bereits eingetretenen Veränderungen einige wichtige Erkenntnisse in Bezug auf den zu erwartenden Klimawandel gewinnen lassen. Zweitens bieten sich die Polargebiete als vereinfachtes Modell des Klimasystems an, anhand dessen sich viele naturwissenschaftliche, politische, ökolo-

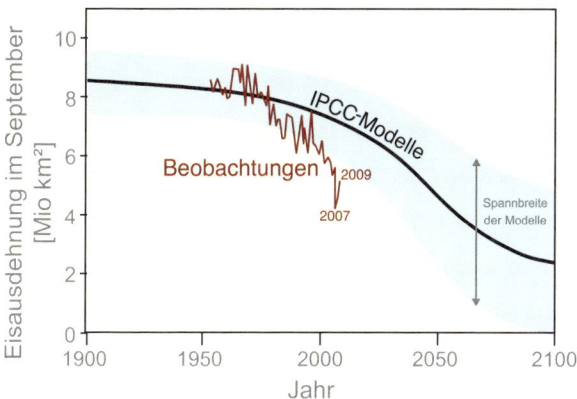

Abb. 3: Vergleich der beobachteten Entwicklung des arktischen Meereises im Sommer mit Berechnungen von Klimamodellen. Die Kurven geben den jeweiligen Verlauf der Eisausdehnung im September an.

gische und mediale Problemstellungen des Klimawandels in etwas überschaubarerer Form darstellen lassen.

Betrachten wir dazu zunächst einmal das arktische Meereis. Gerade im Sommer ist dessen Ausdehnung in den letzten Jahren erheblich zurückgegangen, und es scheint nach den Berechnungen nahezu sämtlicher Klimamodelle nur noch eine Frage der Zeit zu sein, bis der Arktische Ozean im Sommer komplett eisfrei sein wird (Abb. 3).

Es ist allerdings unmöglich, den genauen Zeitpunkt dieses Verschwindens zuverlässig abzuschätzen. Dies liegt unter anderem an einer Reihe von sogenannten Rückkopplungsmechanismen, die das weitere Verschwinden des Eises beschleunigen oder verlangsamen könnten. Einer der Mechanismen, die das Eis schneller und schneller verschwinden lassen könnten, hängt mit dem hohen Reflexionsvermögen von Meereis zusammen: Meereis reflektiert wie ein gewaltiger Sonnenlichtspiegel einen Großteil der einfallenden Sonnenstrahlung ins Weltall und hält damit die Arktis auch im Sommer kühl. Verkleinert sich dieser Sonnen-

Ein Blick aufs Eis von oben und, im Bild rechts unten, in Bodennähe. Aus der Vogelperspektive lassen sich die Schmelzwassertümpel auf dem Meereis gut erkennen. Die dunklen Flächen absorbieren die Sonnenstrahlung, die hellen Flächen reflektieren sie hingegen.

lichtspiegel durch den Rückgang des Meereises, so wird möglicherweise ein Kreislauf in Gang gesetzt, der zu einer schwächeren Kühlung der Arktis, damit zu noch höheren Temperaturen und noch weniger Meereis führen könnte. Ein solcher Kreislauf könnte, isoliert betrachtet, zu einem Kipppunkt führen, jenseits dessen das weitere Verschwinden des Eises trotz aller Anstrengungen nicht mehr aufgehalten werden kann.

Ein solches Bild wurde insbesondere nach dem starken Eisrückgang im Sommer 2007 von einigen Wissenschaftlern als mögliches Szenario angenommen und entsprechend durch die Medien verbreitet. Es wurde damals, leider, nicht deutlich genug gesagt, dass wir die Entwicklung des Meereises von einem Jahr zum nächsten aus prinzipiellen Gründen nicht zuverlässig vorhersagen können, wie sich schon in den Sommern 2008 und 2009 zeigen sollte. In beiden Jahren stieg die eisbedeckte Fläche im Sommer in der Arktis plötzlich wieder an. Als Grund hierfür wird heute vor allem ein Mechanismus angesehen, der das Verschwinden von Meereis stark verlangsamen kann: Meereis wächst nämlich umso schneller, je dünner es ist und je weniger Schnee auf ihm liegt. In jenen ausgedehnten Flächen, die im Sommer 2007 eisfrei geworden waren, konnte sich daher im Laufe des kommenden Winters wieder relativ dickes neues Eis bilden, das in der Lage war, den darauf folgenden Sommer zu überstehen, und somit zu einer gewissen Erholung der Eisfläche führte. Ähnliches gilt für die Erholung der vom Meereis bedeckten Fläche im Sommer 2009.

Es ist in erster Linie das »Kräftemessen« dieser beiden Mechanismen, das es nahezu unmöglich macht, die Entwicklung des Meereises in den nächsten Jahrzehnten zuverlässig zu prognostizieren: Sollten die Sommer in der Arktis in den nächsten Jahren ähnlich sonnenreich werden wie der Sommer 2007, so besteht durchaus die Möglichkeit, dass schon

in wenigen Jahren im Sommer weite Teile des Arktischen Ozeans schiff-
bar sein werden. Fallen hingegen die Winter in den nächsten Jahren sehr
kalt aus, kann sich das Meereis in der Arktis möglicherweise noch für
einige weitere Jahre erholen. Wir können derzeit nur äußerst ungenaue
Abschätzungen darüber machen, wie warm oder kalt einzelne Sommer
und Winter in den nächsten Jahren werden – ähnlich wie es weitestgehend unmöglich ist, Anfang Januar die Temperaturen zum Ende des
Monats vorherzusagen. Sehr wohl lässt sich aber abschätzen, dass die
Temperaturen im Juni höher sein werden, und analog hierzu lässt sich
auch mit ziemlicher Sicherheit vorhersagen, dass das Meereis im Laufe
dieses Jahrhunderts in der Arktis im Sommer verschwinden wird. Ob
der Arktische Ozean aber bereits in 10 Jahren oder aber erst in 20 oder

**Unterwegs zum Nordpol. Trotz der großen Kälte bricht das Eis immer wieder
auf und schiebt sich zu sogenannten Presseisrücken zusammen und übereinander. Es ist das schwierigste Gelände, das man sich vorstellen kann.**

50 Jahren eisfrei sein wird, das lässt sich nicht zuverlässig abschätzen. Die Aussage, dass das Eis jetzt äußerst schnell verschwinden würde und wir daher jedes Jahr neue Rekordminima zu erwarten hätten, wird zwar kurzfristig dankbar von den Medien aufgenommen, unterminiert aber langfristig die Glaubwürdigkeit der Klimaforschung.

Wenden wir uns nun noch einmal der Schwierigkeit zu, die kurzfristige Entwicklung des Klimas vorherzusagen. Diese Schwierigkeit wird nämlich auch deutlich, wenn man den beobachteten Rückgang des arktischen Meereises mit Berechnungen von Klimamodellen vergleicht (Abb. 3): Unschwer ist zu erkennen, dass zurzeit das Meereis deutlich schneller zurückgeht, als dies die Modelle prognostiziert hatten. Diese Abweichung könnte auf den ersten Blick als eindeutiges Zeichen dafür

interpretiert werden, dass die Klimamodelle bei weitem noch nicht ausgereift genug sind, um auf ihren Berechnungen politische Entscheidungen basieren zu lassen. Allerdings lässt sich diese Schlussfolgerung aus dieser Diskrepanz zwischen Messdaten und Modellsimulationen nicht ziehen – die Modelle waren nämlich niemals dafür ausgelegt, den Rückgang des Meereises von einem Jahr zum nächsten oder auch nur von einem Jahrzehnt zum nächsten vorherzusagen. Vielleicht lässt sich die Berechnung der Meereisfläche in einem Klimamodell mit einer Abfahrt auf einem Skihang vergleichen, auf dem sich noch eine Vielzahl anderer Skiläufer tummelt: Fährt man fünfmal nacheinander einen solchen Hang hinunter, so wird man jedes Mal am Ende der Fahrt unten ankommen, weil es die ganze Zeit mehr oder weniger bergab geht. Der Weg, den man auf diesem Hang zurücklegt, wird aber jedes Mal ein anderer sein, da man den anderen Skiläufern jedes Mal ein bisschen anders ausweichen wird. Ähnlich sieht es bei einem Klimamodell aus, das fünfmal hintereinander die Entwicklung des Meereises berechnet: In jeder dieser Berechnungen wird am Ende das Meereis verschwunden sein, weil das Klima im Laufe der Zeit immer wärmer wird. Aber weil das Wetter aufgrund seiner chaotischen Natur in jeder dieser Berechnungen anders ist, wird auch die Kurve, die die Abnahme des Meereises beschreibt, jedes Mal eine andere sein. Zu verlangen, dass Klimamodelle die derzeitige Entwicklung des Meereises richtig vorauszusagen hätten, wäre vergleichbar mit der Forderung, dass der Skiläufer vor seiner Abfahrt oben am Hang den genauen Weg angibt, den er bei seiner Abfahrt beschreiben wird – was unmöglich ist, da der Skiläufer nicht im Vorhinein die Bewegungen der anderen Skiläufer auf dem Hang kennt. Trotzdem kann man der Aussage, dass der Skifahrer vermutlich irgendwann unten am Hang ankommt, Glauben schenken – ähnlich wie der Voraussage, dass das Meereis in der Arktis mit hoher Wahrscheinlichkeit im Laufe dieses Jahrhunderts im Sommer verschwinden wird, wenn der Ausstoß von Treibhausgasen nicht sehr schnell sehr stark reduziert wird.

Ein solches Verschwinden des Eises im Sommer würde zunächst einmal zu deutlichen Verschiebungen im Ökosystem der Arktis führen, zum Aussterben zahlreicher Tierarten, zum Ende traditioneller Lebensweisen der arktischen Urbevölkerung – aber wohl auch zum Beginn eines goldenen Zeitalters für die nordpolare Öl- und Gasindustrie, die auf dem Boden des Arktischen Ozeans gewaltige Bodenschätze vermutet. Womit ein großes Problem der Kommunikation möglicher Folgen des globalen Klimawandels zu Tage tritt: Häufig sind die Folgen einzelner Veränderungen nur äußerst schwer abzuschätzen. Wer hätte zum Beispiel vor einem Jahrzehnt vorhersagen mögen, dass sich in der Arktis ein Wettrennen um Hoheitsgebiete, Schürfrechte und Sperrzonen entwickeln würde, dass mehrere Arktisanrainer ihre militärische Präsenz in der Region stark ausbauen würden und möglicherweise bewaffnete Konflikte zu erwarten sind? All diese Veränderungen sind einzig und allein auf die Änderungen der vom Meereis bedeckten Fläche in den nahezu unbewohnten Weiten der Arktis zurückzuführen – wie viel gravierender könnten da möglicherweise die Spannungen werden, die der Klimawandel in dicht bevölkerten Regionen der Erde hervorrufen wird?

Über die regionalen ökologischen, politischen und humanitären Folgen hinaus dürfte der Rückgang des Meereises auch gravierende klimatische Folgen haben, die eine wichtige Eigenschaft des zukünftigen Klimawandels deutlich machen: die starke Verknüpfung nahezu aller Komponenten des globalen Klimasystems. Mit dem Meereis verschwindet nämlich im Sommer der bereits erwähnte Sonnenlichtspiegel, der die Arktis heutzutage sehr effizient kühlt. Mit dem Verschwinden dieser Kühlung wird sich die Erwärmung der Arktis vermutlich in den nächsten Jahrzehnten weiter verstärken und damit auch zu einer deutlichen Erwärmung jenes Eises führen, das heute als bis zu drei Kilometer dicker Eispanzer das grönländische Inlandeis bildet. Es gilt als sicher, dass dieser Eispanzer bereits angefangen hat abzuschmelzen und zurzeit mit knapp einem Millimeter pro Jahr zum Meeresspiegelanstieg beiträgt. Es besteht durchaus die Möglichkeit, dass sich dieses Abschmelzen des grönländischen Inlandeises ab einem gewissen Punkt nicht mehr stoppen ließe, sodass dieser Eispanzer in den nächsten Jahrhunderten komplett abschmelzen und damit auf lange Sicht irreversibel verschwinden könnte. Ein solches komplettes Abschmelzen würde den globalen Meeresspiegel auf lange Sicht um etwa sieben Meter ansteigen lassen. Im Verlauf dieses Jahrhunderts dürfte der Beitrag Grönlands zum Meeresspiegelanstieg maximal im Bereich einiger Dezimeter liegen (vgl.

Kapitel »Klimawandel durch Treibhausgase: Wie viel Zeit bleibt uns noch?«). Dieses langsame Abschmelzen des grönlandischen Inlandeises wird vermutlich im Laufe dieses Jahrhunderts zu spürbaren Änderungen der Ozeanzirkulation führen und damit, vom Meeresspiegelanstieg abgesehen, weit über die Arktis hinaus von Bedeutung sein. So wird zum Beispiel der nördliche Ausläufer des Golfstroms, der sogenannte Nordatlantikstrom, zu einem Großteil dadurch angetrieben, dass östlich von Grönland gewaltige Wassermengen wie in einem Fahrstuhl von der Oberfläche des Ozeans in die Tiefe gerissen werden, wodurch an der Oberfläche warmes Wasser aus dem Süden »nachgesaugt« wird. Dieses warme Wasser des Nordatlantikstroms trägt heute dazu bei, dass das Klima in Europa deutlich wärmer ist als das Klima auf dem gleichen Breitengrad zum Beispiel in Kanada oder Alaska. Geraten jedoch vor Grönland große Mengen Schmelzwasser in den Ozean, so wird das dortige Absinken von Ozeanwasser deutlich weniger effizient ablaufen. Der Grund hierfür ist, dass das Schmelzwasser aus Süßwasser besteht, das leichter als Ozeanwasser ist. Dieses Süßwasser würde sich gleichsam wie eine Decke auf dem Ozean ausbreiten und so das Absinken von Ozeanwasser und damit auch den Nordatlantikstrom abschwächen. Obwohl diese Abschwächung des Nordatlantikstroms isoliert betrachtet zu einer Abkühlung Europas führen könnte, wird die globale Klimaerwärmung aller Voraussicht nach so groß sein, dass auch in Europa die Temperaturen weiter ansteigen werden. Ein schwächerer Atlantikstrom dürfte daher nicht ausreichen, um das Abschmelzen Grönlands in einem wärmeren Klima zu verhindern.

Noch ein anderer Gesichtspunkt sollte in diesem Zusammenhang erwähnt werden, der noch einmal die starke Verknüpfung der unterschiedlichen Komponenten des globalen Klimasystems verdeutlicht. Die Erwärmung der Arktis, die nicht zuletzt aufgrund des zurückgehenden Meereises überproportional hoch ausfallen dürfte, könnte nämlich auch dazu führen, dass im Laufe der Zeit die ausgedehnten Regionen in Sibi-

Ein Eisbohrkern wird vermessen. Die in ihm enthaltenen Daten geben den Wissenschaftlern Aufschluss über die Beschaffenheit des Eises.

rien, Kanada und Alaska auftauen, in denen heute der Boden das ganze Jahr über gefroren bleibt. Diese Permafrostböden könnten beim Auftauen größere Mengen Methan freisetzen, ein überaus wirkungsvolles Treibhausgas. Durch dieses Methan werden der vom Menschen verursachte Treibhauseffekt und damit die globale Erwärmung möglicherweise weiter verstärkt werden.

Diese Beispiele machen deutlich, wie eine Änderung in einer einzelnen Komponente des Klimasystems, hier der Rückgang des arktischen Meereises, umfassende Veränderungen in anderen Komponenten des Klimasystems nach sich ziehen kann und unter anderem zu Veränderungen der Ozeanzirkulation und der Freisetzung weiterer Treibhausgase führen kann. Diese werden wiederum einen Einfluss auf andere Komponenten des Klimasystems haben – und genau hier liegt die große Schwierigkeit bei der Beurteilung der möglichen Risiken, die in einer sich rasch erwärmenden Welt auf uns Menschen zukommen werden: Das Klimasystem der Erde ist zu komplex, um jemals wirklich alle Verbindungen zwischen den verschiedenen Komponenten zuverlässig nachbilden zu können. Es ist daher sowohl möglich, dass die derzeitigen Klimaprognosen zu pessimistisch sind. Genauso denkbar ist aber auch, dass die Prognosen zu optimistisch sind. Betrachtet man die Klimaverschiebungen, die die Erde im Laufe der Zeit erlebt hat, so drängt sich der Eindruck auf, dass vor allem auf kürzeren Zeitskalen das Klima der Erde relativ große Sprünge machen kann, Sprünge, die die Anpassungsfähigkeit vieler Tierarten genauso überfordern könnten wie die Anpassungsfähigkeit der menschlichen Sozialsysteme. Auch wenn der Weltklimareport davon ausgeht, dass viele der dramatischeren Folgen eines Klimawandels vielleicht nur mit einer zehn- oder zwanzigprozentigen Wahrscheinlichkeit eintreffen: Wer würde einen Fallschirmsprung mit einer Ausrüstung machen, die mit einer so hohen Wahrscheinlichkeit versagen wird? Man könnte daher argumentieren, dass allein schon aus einem gewissen Vorsorgeprinzip ein umfassender Klimaschutz eine sinnvolle Handlungsoption wäre.

Mittelfristig kann ein solch umfassender Klimaschutz nur bedeuten, dass die globalen Emissionen von Kohlendioxid auf nahezu null reduziert werden. Wenn die Menschheit weiterhin Kohlendioxid emittiert, wird auch der Anteil von Kohlendioxid in der Erdatmosphäre ansteigen und sich damit auch die Klimaerwärmung immer weiter verstärken. Die Tatsache, dass erst ein nahezu komplettes Ende von Treibhausgasemissionen diese immer weiter fortschreitende Erwärmung des Klimas stoppen könnte, lässt erahnen, wie groß die Herausforderung eines umfassenden Klimaschutzes wirklich ist.

Was uns vielleicht zu der Frage bringt, was denn an diesem menschengemachten Klimawandel so dramatisch sein soll, schließlich hat die Erde schon deutlich größere Verschiebungen des Klimas überstanden. Und in der Tat wird der vom Menschen verursachte Klimawandel vermutlich aus erdhistorischer Sicht kaum von überragender Bedeutung sein. Vermutlich wird durch die Geschwindigkeit des Klimawandels und die menschengemachte Zerstörung von zahlreichen Lebensräumen eine Vielzahl von Tier- und Pflanzenarten verschwinden, vermutlich werden Gletscher und Eisschilde abschmelzen und die Meeresspiegel ansteigen, vermutlich wird es zu einer gravierenden Zunahme von Wetterextremen kommen: Der Erde wird all dies auf sehr lange Sicht aller Voraussicht nach relativ gleichgültig bleiben.

Nicht gleichgültig wird all dies aber den Menschen bleiben können. Immer deutlicher werden mit hoher Wahrscheinlichkeit in den nächsten Jahrzehnten die Folgen des Klimawandels hervortreten, immer mehr Menschen werden voraussichtlich ihren heutigen Lebensraum verlassen müssen. Und so wie insbesondere wir Menschen in Industrienationen bisher leider zu oft auf Kosten der Menschen in ärmeren Ländern gelebt haben, ihre Bodenschätze ausgebeutet und ihre Arbeitskraft billig für uns eingekauft haben, so leben wir zurzeit zusätzlich immer stärker auch auf Kosten jener Generationen, die nach uns kommen werden. Ein signifikanter Teil des Kohlendioxids, das wir heutzutage in die Atmosphäre freisetzen, wird auch in Tausenden von Jahren noch in der Atmosphäre existieren, wir stellen also heute die Weichen für eine so ferne Zukunft, dass wir sie uns kaum vorstellen können.

Nein, die Frage, ob und wie schnell der Klimawandel gestoppt werden sollte, ist keine wissenschaftliche Frage, es ist keine Frage, die Wissenschaftler besser beantworten könnten als andere. Der Kern dieser Frage ist ausschließlich ethischer Natur. Die eigentliche Frage ist nämlich, ob

Diese Inuit-Kinder werden im Laufe ihres Lebens bereits die Auswirkungen des Klimawandels in vollem Umfange erfahren. Was hält die Zukunft für sie bereit?

wir es verantworten können, durch unser heutiges Handeln einen Groß-teil der Lebensgrundlagen kommender Generationen zu zerstören. Ob wir es verantworten können, eine biologische Vielfalt zu zerstören, die sich in zig Millionen von Jahren entwickelt hat. Und ob wir es verant-worten können, jene kurze Zeitspanne eines stabilen Klimas zu been-den, ohne die wir niemals unsere heutige Hochkultur hätten entwickeln können.

Das Urteil über uns werden erst jene fällen, die nach uns kommen.

DER AUTOR

Dr. Dirk Notz ist Leiter der Forschungsgruppe »Meereis im Erdsystem« am Hamburger Max-Planck-Institut für Meteorologie. Mithilfe von Labor- und Feldexperimenten sowie Computersimulationen versuchen er und seine Arbeitsgruppe zu verstehen, welche Veränderungen der globale Klimawandel insbesondere in den Polarregionen mit sich führen wird.

Dirk Notz ist stark in Jugend- und Öffentlichkeitsarbeit engagiert und ist verantwortlich für die wissenschaftliche Betreuung der von Arved Fuchs initiierten I.C.E.-Jugendcamps.

Was passiert draußen?

Grise Fiord ist die nördlichste Siedlung Kanadas. Nur etwa 160 Einwohner umfasst die kleine Gemeinde, deren verstreute Häuser unmittelbar am Jones Sound liegen, der zugleich die südliche Begrenzung der gewaltigen Insel Ellesmere bildet. Hinter der Siedlung erheben sich die steilen Klippen der Insel mit ihrer Eiskappe, den Fjorden und Gletscherarmen – eine wunderschöne, wenngleich harsche Landschaft, die einen unwillkürlich in ihren Bann zieht. Die kristallklare Luft lässt Entfernungen schrumpfen. Dadurch wirkt alles viel kompakter und näher, als es in Wirklichkeit ist. Die gleißenden Eisberge, die majestätisch im Jones Sound treiben, das klotzige South Cape oder die Nordküste Devon Islands – sie bilden eine geradezu dramatische Kulisse. Nur für wenige Wochen im Jahr bricht das Eis im Jones Sound auf. Der Boden der Insel ist dagegen dauerhaft gefroren, ein Umstand, der dem Ort den Namen Auyuittuq eingetragen hat, was übersetzt so viel bedeutet wie: »Der Ort, der niemals auftaut«. Diese Aussage trifft heute nur noch bedingt zu.

Mein erster Besuch in Grise Fiord geht auf das Jahr 1980 zurück. Damals gab es noch kein Internet, kein Google Earth – nicht einmal eine direkte Telefonverbindung. Der kleine Ort lag augenscheinlich am Ende der Welt, und nur wenige Menschen hatten je von ihm gehört. Entsprechend spärlich waren Informationen zu bekommen. Es war wirklich so etwas wie der letz-

te Außenposten der Zivilisation, ringsherum gab es nur noch unberührte Wildnis.

Ich war damals auf Umwegen dorthin gelangt, mit der Zielsetzung, von den Einheimischen zu lernen. Anfangs betrachtete und behandelte man mich amüsiert-skeptisch, aber immer freundlich. »Was will dieser junge Europäer hier?« Meine damaligen Nordpolambitionen sorgten bei den Inuit eher für Heiterkeitsausbrüche als für anerkennende Worte. Ein Umstand, der mich damals in meinem jugendlichen Stolz schon berührte. Den Inuit war dieser für die Weißen so magisch wirkende Punkt schlicht gleichgültig. Dort konnte man nicht leben, es gab kein Wild – also wozu sollte man die Mühsal und die Gefahren einer Nordpol-Expedition auf sich nehmen? Dennoch hatten sie sich in der Vergangenheit immer wieder Nordpol-Expeditionen angeschlossen – und ohne das Know-how der Polareskimos wären die meisten ambitionierten Expeditionsvorhaben schon in den Anfängen gescheitert. Andere Expeditionen, die sich mit den vermeintlich »primitiven« Eingeborenen nicht einlassen wollten, gingen meist grandios mit Mann und Maus zugrunde. Die Polargeschichte kennt viele Beispiele, die in einer Tragödie endeten. Die Franklin-Expedition etwa, die 1845 mit zwei Schiffen und insgesamt 129 Mann Besatzung spurlos in der Nordwestpassage verschwand, ist vermutlich die prominenteste Vertreterin derartiger Katastrophen. Polarforscher wie Robert Peary wären ohne die kompetente Hilfe der Grönländer niemals erfolgreich gewesen – auch wenn er diese Tatsache selbst niemals eingeräumt hätte. Dazu war er, wie viele seiner Zeitgenossen, viel zu eitel.

Die Inuit haben sich den Expeditionen meist nur aus einem Grund angeschlos-

Aufstieg zum grönländischen Inlandeis über den Quamarujuk-Gletscher. Auf dieser Route hatte 1930 der deutsche Polarforscher Alfred Wegener seine Inlandeis-Expedition begonnen, die er tragischerweise nicht überlebt hat.

sen: Es war ein – wenn auch schlecht bezahlter – Job. Sie bekamen für ihre Dienste meist alte, abgelegte Jagdgewehre, Nahrungsmittel, Werkzeuge und ein paar andere Dinge, die für die Polareskimos einen relativ großen Wert besaßen, für die weißen »Entdecker« jedoch Ausschuss darstellten. Ihre Fähigkeit, sich in der arktischen Wildnis zurechtzufinden, die besten Routen durch das zerklüftete Packeis zu wählen, sich zu orientieren, Wild aufzuspüren und zu erlegen sowie die erforderliche Kleidung bereitzustellen, entschieden über Erfolg oder Misserfolg einer Expedition – häufig auch über Leben und Tod.

Von diesen Menschen wollte ich damals lernen. Das »Eis« zwischen den Inuit in Grise Fiord und mir wurde gebrochen, als es mir gelang, mitten im März bei eisigen Temperaturen den ausgefallenen Dieselgenerator wieder zum Laufen zu bringen. Er war wegen verschmutzter Brennstofffilter und mangelnder Wartung einfach stehen geblieben. Der Ersatzgenerator befand sich in einem noch schlechteren Zustand, sodass die kleine Siedlung plötzlich ohne Strom dastand. Einen Mechaniker gab es im Dorf nicht, der hätte aus dem Süden extra eingeflogen werden müssen, und das hätte einige Tage gedauert. Dieselmotoren und Schiffsmaschinen waren mein Spezialgebiet. Ich war zuvor auf Frachtschiffen gefahren und hatte eine entsprechende Ausbildung genossen. Daher stellte es für mich keine große Aufgabe dar, zumindest einen der beiden Generatoren wieder zum Leben zu erwecken. Kurz darauf gab es wieder Strom und Wärme in den Häusern – und ich stand plötzlich im Brennpunkt des Interesses. »Eeehh – der ist ja doch zu etwas nütze.« Durch diesen für mich glücklichen Umstand war es mir gelungen, mir ein gewisses Maß an Anerkennung zu verschaffen – wenn auch nicht in dem Bereich, den ich mir erhoffte. Larry Audlaluk, ein nur wenige Jahre älterer Inuk, nahm sich schließlich meiner an, und daraus entwickelte sich eine Freundschaft, die bis zum heutigen Tag Bestand hat. Larry nahm mein Interesse ernst und brachte mir bei, wie man Hundeschlitten fährt, Iglus baut, sich am besten kleidet und sich bei großer Kälte richtig verhält. Instinktiv spürte er mein Interesse und meine Wissbegierde an allem, was mit dem Leben im arktischen Raum zusammenhing – eben nicht nur das handwerkliche Rüstzeug betreffend, sondern auch die Geschichte der Inuit und deren Kultur. Bereitwillig gab er mir Auskunft und wurde so zu einem meiner Lehrmeister. Viele meiner späteren Expeditionen wären ohne diese Erfahrungen nicht möglich gewesen. Das Wissen dieser Menschen, das von Generation zu Generation weitergegeben wurde, stellt eine ungeheure Datenbank dar.

Bei meinen früheren Aufenthalten in Grise Fiord war ich meist im März, April, Mai vor Ort. Der Jones Sound war dann stets fest zugefroren, sodass selbst Flugzeuge auf dem Eis landeten. Dass sich daran jemals etwas ändern könnte, war damals schlicht jenseits des Vorstellbaren. Auch während des kurzen arktischen Sommers war der Jones Sound meist von dichten Packeisfeldern durchsetzt. Als wir 1993 mit der DAGMAR AAEN, von Nordwestgrönland kommend, Richtung Nordwestpassage segelten, blickte ich immer voller Hoffnung auf die Eiskarten, ob sich nicht eine Lücke im Eis bilden und einen Abstecher nach Grise Fiord ermöglichen würde. Das Risiko, vom Eis eingeschlossen zu werden, war jedoch einfach zu groß. Wir segelten daher unverrichteter Dinge am Eingang zum Jones Sound vorbei und konnten nur einen sehnsüchtigen Blick auf die dem Sund vorgelagerte Coburg-Insel werfen, die mit ihren Gletschern und der Eiskappe weithin sichtbar ist.

Ein Besuch von Grise Fiord mit meinem Schiff erschien mir angesichts der vorherrschenden Eislage als zu risikoreich, sodass ich auch in folgenden Jahren nie ernsthaft den Gedanken daran erwog.

Erst 2009 sollte sich der Traum vom Besuch auf eigenem Kiel erfüllen. Wir waren im Zuge einer neuen Expedition an die Westküste Grönlands gesegelt und wollten – sofern es die Eislage erlaubte – einen Abstecher nach Grise Fiord machen. Aufmerksam hatten wir daher die Eiskarten verfolgt und mussten verwundert feststellen, dass es auf dem gesamten Weg quer über die Baffin Bay und auch im Jones Sound überhaupt kein Eis gab. Es war Juli, also noch früh im Jahr – und dann kein Eis? Die nördliche Baffin Bay und die sogenannte Melville-Bucht genießen unter Seefahrern einen ausgesprochen schlechten Ruf. Bedingt durch die unterschiedlichen Meeresströmungen und beeinflusst durch den Wind, sammelt sich im zentralen Teil dieses Seegebietes eine riesige Eisfläche – das sogenannte Middlepack. Dieses äußerst kompakte Eisfeld steht häufig unter großem Druck, sodass die Walfangflotten des 19. und 20. Jahrhunderts gleich reihenweise darin stecken blieben und zahllose robuste, eisgängige Walfangschiffe durch Eispressungen zerstört wurden und sanken. Während an der

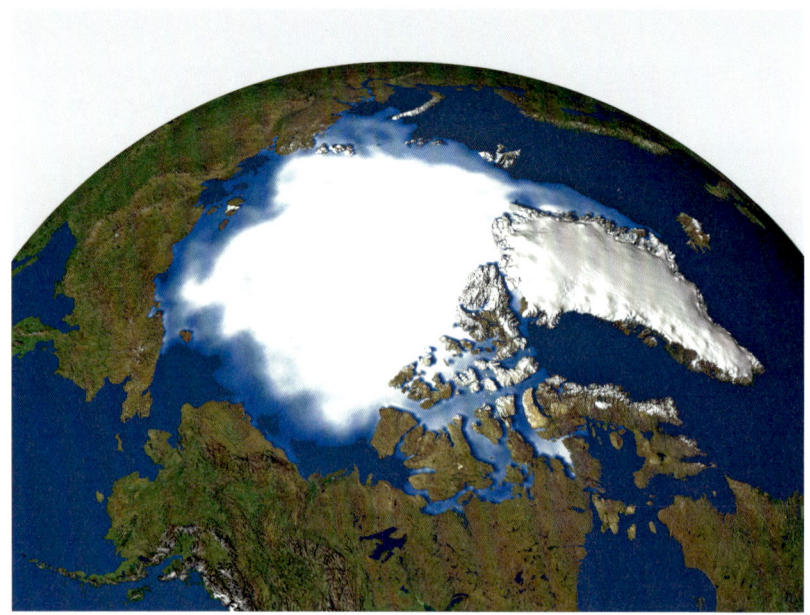

grönländischen Seite die Strömung nach Norden setzt, zieht sie auf der kanadischen Seite nach Süden. Daraus entsteht eine Art Mahlstrom, der das Meereis im zentralen Teil der Bucht zusammendrängt. Die Segelanweisungen empfahlen daher, entweder dicht entlang der grönländischen Küste oder aber entlang der kanadischen Seite zu fahren – der zentrale Teil galt weitgehend als unpassierbar (siehe Abb. oben).

So war es auch noch in den 1990er-Jahren, als wir an der grönländischen Küste nach Qaanaaq segelten. Es war im August gewesen, und die Melville-Bucht war voller Eis. Dicht unter Land, bedrängt von gewaltigen Eisbergen, die von Strömungen getrieben selbst durch das Packeis brachen und uns gefährlich nahe kamen, verlebten wir einige schwierige und schlaflose Tage, bevor wir schließlich nördlich der Melville-Bucht in offeneres Wasser kamen. Wir hatten normale Verhältnisse erlebt, kein Grund zum Lamentieren.

Als wir die Ortschaft Upernavik am 2. August 2009 verließen, setzten wir den Kurs direkt auf den Jones Sound ab. Das einzige Eis, dem wir begegneten, waren zahlreiche Eisberge, die von den Gletschern Grönlands gekalbt waren – Packeis, also Meerwassereis, gab es keines, keine einzige noch so kleine Scholle. Vom gefürchteten Middlepack keine Spur!

Am 7. August 2009 liefen wir südlich der Coburg-Insel in den Jones

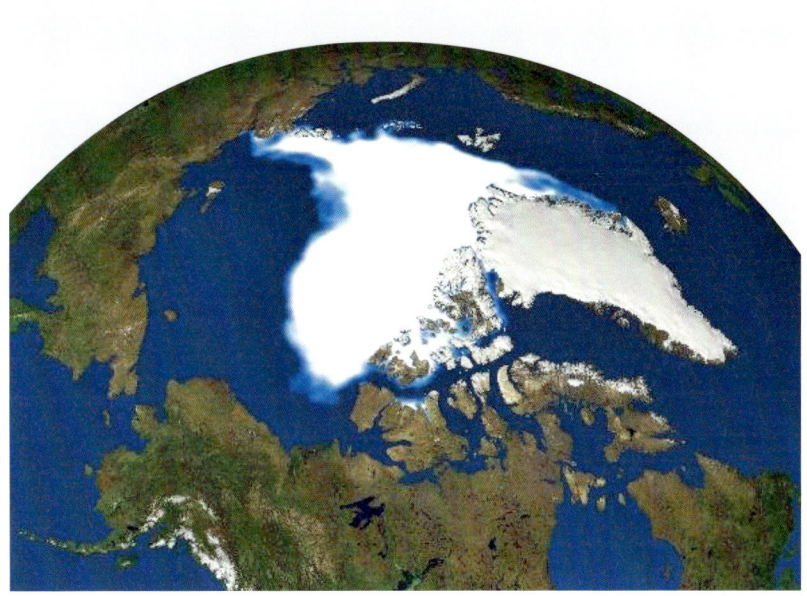

Den Rückgang des Sommereises (September) während der letzten Jahre zeigt diese Grafik. Links das Jahr 1979 und zum Vergleich rechts das Jahr 2007. Im Jahre 2007 schmolz die vierfache Fläche der Bundesrepublik Deutschland ab. 2008 und 2009 sahen wieder etwas günstiger aus – dennoch schwindet das Eis unverhältnismäßig schnell.

Sound ein, einige Stunden später tauchen die vertrauten Umrisse von Grise Fiord auf. Wenig später fiel der Anker unmittelbar vor dem Ort. Ein Traum war in Erfüllung gegangen, aber irgendwie wirkte das Erlebnis schal. Es war zu einfach gewesen!

Eine der Aufgaben dieser Expedition bestand darin, Interviews mit Vertretern der indigenen Bevölkerung zu führen, um Informationen darüber zu bekommen, ob und wie sie den Klimawandel vor Ort erlebt. Dass sich vieles geändert hatte, hatte ich ja schon gehört, doch nun wollte ich es genau wissen, und zwar von einer meiner besten und zuverlässigsten Quellen: Larry war natürlich meine erste Wahl. Ich war mir dabei durchaus nicht sicher, was wir zu hören bekämen. Noch 2004 bei der Durchfahrung der Nordwestpassage hatten sich viele Inuit immer wieder schmunzelnd abgewendet, wenn das Gespräch auf eine mögliche Klimaerwärmung kam.

»Schaut euch doch um«, war die Antwort. »Überall ist Eis, der Sommer ist schlecht, alles ist so wie immer! Ein bisschen wärmeres Wetter wäre doch ganz gut.« Aber seit 2004 – einer erstaunlich kurzen Zeitspanne – ist auch viel passiert.

Damals hatten wir sogar noch mitten in der Nordwestpassage bei Cambridge Bay überwintern müssen, weil es im Jahre 2003 einfach kein Durchkommen gab. Selbst die BREMEN, ein eisgängiges Kreuzfahrtschiff der Reederei Hapag Lloyd, das mit Eisbrecherhilfe die Passage bewältigen konnte, hatte im schweren Eis einen Ruderschaden erlitten und war nur unter großen Schwierigkeiten durchgekommen. Und im Jahre 2004, nach unserer elfmonatigen Zwangsüberwinterung, sah es lange Zeit so aus, als müssten wir einen weiteren Winter dort verbringen. Erst Ende September, buchstäblich in letzter Minute, gelang uns der Durchbruch. Nach diesen Erlebnissen mochte auch ich nicht so recht daran glauben, dass sich die Nordwestpassage so schnell öffnen würde – trotz der Informationen, die besagten, dass in anderen Teilen der Arktis durchaus ein gravierender Eisrückgang zu beobachten war.

Das Jahr 2005 sah allerdings schon deutlich günstiger aus. Es herrschten zwar noch schwierige Eisverhältnisse vor, wer aber ausreichend Geduld bewies und abwartete, konnte die Passage ohne Schwierigkeiten passieren. Noch leichter wurde es im darauf folgenden Jahr. 2006 stellte die Passage kein größeres Problem dar. 2007 und 2008 dann die große Überraschung, die auch die letzten Skeptiker zum Verstummen brachte: Erstmals seit Menschengedenken war die Nordwestpassage weitgehend eisfrei. Damit nicht genug. Alle bisherigen Versuche, die Nordwestpassage zu durchfahren, konzentrierten sich auf die sogenannte Amundsen-Route, die zugleich die südlichste aller Möglichkeiten darstellt. 2008 waren jedoch auch die Nordrouten nahezu eisfrei und problemlos zu durchfahren. Mehr noch: Zeitgleich war auch die Nordostpassage eisfrei, sodass das deutsche Forschungsschiff POLARSTERN ohne jede Schwierigkeit den Nordpol über beide Routen innerhalb weniger Wochen umrunden konnte. Im Sommer 2009 waren zum zweiten Mal in Folge abermals beide Passagen befahrbar. Insgesamt fuhren im Sommer 2009 zwei Frachtschiffe der deutschen Reederei Beluga Shipping sowie vier Yachten – von denen eine umgedreht ist – durch die Nordostpassage. Bei der Nordwestpassage waren es im gleichen

Jahr sogar zehn Yachten und zwei Kreuzfahrtschiffe, die ohne Probleme passieren konnten.

In nur vier Jahren hatten sich die Verhältnisse in der kanadischen Arktis komplett verändert.

Als wir im Sommer 2009 in Upernavik lagen, lief eine deutsche Yacht vom Typ Bavaria 44 in den Hafen ein. An Bord ein Paar mit einer Katze, Reiseziel Nordwestpassage, so als handele es sich dabei um eine Reise in die Sommerfrische. – Nichts gegen eine Bavaria-Yacht, aber für die Durchfahrung der Nordwestpassage stellt dieser Yachttyp sicherlich die schlechteste aller Möglichkeiten dar. Das Boot ist eine Serienfertigung aus GFK, verfügt über einen Kurzkiel und ist für den Freizeitbereich gefertigt. Dieses Boot war zuvor im Mittelmeer als Charteryacht gelaufen, und entsprechend war es auch ausgestattet. Erfahrung im Eis? Negativ! Das Paar mochte Ahnung vom Segeln haben, aber im Umgang mit dem Eis war es nach eigenem Bekunden völlig unerfahren. Einmal davon abgesehen, dass ich selbst heute niemals auf den Gedanken käme, mit einem vergleichbaren Boot durch eine dieser Passagen zu fahren – das Eis ist ja nicht komplett verschwunden –, macht dieses Beispiel deutlich, dass die Segelgemeinde schnell reagiert hat. Die Nordwestpassage ist zu einer Beliebigkeit geschrumpft. Was noch vor wenigen Jahren undenkbar schien, ist heute Wirklichkeit geworden: Man kann ohne größere Probleme passieren. Der Mythos ist in die Geschichte eingegangen.

Doch zurück nach Grise Fiord. Wir besuchten Larry in seinem Haus. Er war gerade mit seiner Frau Annie von einem Jagdausflug zurückgekommen und saß jetzt entspannt und zufrieden auf dem Sofa. Auch wenn wir uns seit drei Jahren nicht gesehen hatten, brauchten wir keine lange Anlaufzeit. Wir freuten uns einfach, uns zu sehen. Schnell gab es Anknüpfungspunkte. Es wurde gelacht, Kaffee getrunken und Bannock, das in Fett gebackene Brot, gegessen. Larry und Annie haben fast ihr ganzes Leben in Grise Fiord verbracht. Trotzdem sind sie weltoffen und über den berühmten »Tellerrand« hinaus interessiert, was vielleicht auch daran liegt, dass beide relativ häufig im Süden Kanadas sind. Larry ist kulturell und politisch aktiv, kennt Grönland und ist insgesamt bestens informiert.

Ich lenkte das Gespräch auf das Thema Klimawandel und stellte ihm einige Fragen.

Larry Audlaluk und seine Frau Annie sowie Brigitte Ellerbrock und ich bei dem Besuch in Grise Fiord im Sommer 2009. Larry und ich kennen uns seit 1980.

»Was meinst du? Gibt es den Klimawandel in der Arktis, oder ist das alles nur Panikmache?«

»Nein, den Klimawandel gibt es definitiv. Wir haben in den letzten Jahren eine Reihe von Naturereignissen erlebt, die nur dadurch zu erklären sind. Auch in Gesprächen mit den ›Elders‹ (die alten Jäger) hört man immer wieder, dass sich die Natur verändert hat. Es gibt hier plötzlich Moskitoschwärme – das ist neu. In den vergangenen Wochen gab es außerdem geradezu sintflutartige Regenfälle, die unsere Wege fortgespült und erheblichen Schaden angerichtet haben.« Tatsächlich waren die Spuren davon überall im Ort zu sehen. »Sogar ein Gewitter hat es gegeben«, fuhr er fort, »kein Einziger im Dorf kann sich daran erinnern, jemals von einem Gewitter in Grise Fiord gehört zu haben. Es gibt also ganz anderes Wetter als früher.«

Ich fragte Larry nach dem Eis: »Was macht das Eis im Jones Sound? Kannst du da Veränderungen feststellen?«

Larry: »Es kommt später, und es geht früher. Wann genau das sein wird, kann heute keiner mehr sagen. Außerdem ist das Eis viel dünner als früher. Früher war es mindestens 6 feet (ca. 1,80 m) dick – heute ist es viel dünner.«

»Und die Eisbären?«, fragte ich, »was machen die?«

»Ach – die kommen schon klar. Sie sind zahlreich und gut genährt. Außerdem sind sie clever und ausgezeichnete Jäger. Die finden immer etwas zu fressen, die passen sich schon an.«

Diese erstaunlich positive Einschätzung hinsichtlich der Bärenpopulation wird von Wissenschaftlern durchweg differenzierter gesehen. In der Hudson Bay beispielsweise hat das schwindende Eis offenbar bereits deutlich Auswirkungen auf die Bärenpopluation. Der renommierte Naturfotograf Norbert Rosing bereist die Hudson Bay regelmäßig seit den 1980er-Jahren und gilt als ausgesprochener Kenner der Region. Laut Rosing nimmt die Eisbärenpopulation in der Hudson Bay jährlich um 5 % ab. »Man weiß das deshalb so genau, weil 80 % der Tiere markiert sind. Früher wurde der Bestand auf 1200 Tiere geschätzt, heute nur noch auf 920. Das Hauptproblem besteht darin, dass das Eis in der Bay rund drei Wochen später kommt und wiederum drei Wochen früher aufbricht. Genau diese Zeit ist für die Bären aber wichtig, weil sie ihre Beute, die Ringelrobben, auf dem Eis fangen. Ohne Eis keine Robben, die Bären verlieren an Gewicht und werden dünner.«

Wenn aber eine Bärin ein bestimmtes Gewicht unterschritten hat, stößt sie ihre Frucht ab. Aber auch der Nachwuchs, der das Licht der Welt erblickt, überlebt häufig nicht die ersten Wochen. Die Bärenmütter finden einfach nicht genügend Nahrung, sodass von zwei oder drei Jungbären häufig ein oder zwei der Geschwister mangels Nahrung sterben. Auch der Kannibalismus unter Bären nimmt zu. Zwar hat es ihn unter Eisbären immer gegeben, aber die Zahl der aufgefundenen Kadaver ist auffällig gestiegen. Zudem werden in Alaska mittlerweile immer öfter ertrunkene Eisbären aufgefunden: Der Weg vom Festland zu den Eisfeldern im Norden ist im Sommer einfach zu weit für die Bären. 100 Kilometer können die exzellenten Schwimmer durchaus im offenen Meer zurücklegen – aber eben nicht 200.

Ähnliche Gespräche bzw. Interviews wie das mit Larry führten wir im Verlauf der Expedition auch mit Jägern in Grönland. Wo immer wir auf Menschen trafen, sprachen wir sie daraufhin an. Doug Stern, ein kanadischer Freund und Crewmitglied, der seit 30 Jahren in der Arktis wohnt, beherrscht zudem Inuktitut. Auch wenn es Unterschiede in den Dialekten gibt, kann er sich zumindest den Grönländern in ihrer Sprache verständlich machen. Die Menschen staunen und freuen sich, wenn ein Weißer sie in ihrer Sprache anspricht. Man wird eher akzeptiert und spricht gewissermaßen auf Augenhöhe miteinander.

Siorapaluk ist die nördlichste Siedlung der Welt, die seit Jahrhunderten kontinuierlich bewohnt wird. Andere, geografisch nördlicher gelegene Ortschaften wie Longyearbyen auf Spitzbergen hatten zu keiner Zeit eine indigene Bevölkerung und sind entweder von Europäern gegründet worden oder dienen lediglich als militärische oder wissenschaftliche Stationen. Siorapaluk hingegen ist eine kleine, gewachsene Kommune im Nordwesten Grönlands, die dem sogenannten Thule-Distrikt zugeordnet wird, zu dem neben dem Hauptort Qaanaaq auch einige sehr kleine Gemeinden gehören. Überall vernehmen wir die gleiche Aussage: »Das Eis kommt später und geht früher. Die Zeit dazwischen ist es häufig dünn und brüchig.« Jäger, die von Kindesbeinen an gewohnt sind, mit Hundeschlitten über das zugefrorene Meereis zu fahren, brechen plötzlich ein, werden mit Eisschollen abgetrieben oder trauen sich ganz einfach nicht mehr hinaus. Ein Mann schildert uns die Situation besonders deutlich. Ikuo Oshima ist gebürtiger Japaner und Anfang der 1970er-Jahre nach Siorapaluk ausgewandert – zu einer Zeit, in der Grönland und die Thule-Region in der öffentlichen Wahrnehmung so gut wie nicht stattfanden. Grönland war gleichbedeutend mit dem Nordpol, nur wer sich für die Arktis interessierte – und das waren damals nicht sehr viele Menschen – war in der Lage zu differenzieren. Ikuo heiratete eine Grönländerin und lebte das traditionelle Leben der Jäger, was ihm die Anerkennung und den Respekt der Gemeinschaft eintrug. Längst gilt er als einer der Ihren und ist mit 64 Jahren immer noch als Jäger aktiv.

Ikuo berichtete uns von seinen Schlittentouren in die alte Siedlung Etah, die nördlich von Siorapaluk liegt und heute nur noch als Sommercamp genutzt wird. Von Etah aus wurden früher Jagdreisen nach Kanada und bis nach Grise Fiord unternommen. In Grise Fiord gibt es einen Berg, der von den Einheimischen »Greenlander« genannt wird. Von dort aus hat man früher Ausschau gehalten, ob die Grönländer kommen. »Eine solche Reise ist heute unmöglich«, erzählte uns Ikuo. »Das Eis im Smith Sound, der Meeresstraße zwischen Grönland und Kanada, friert nicht mehr zu.«

Eine Begegnung mit einem Jäger im Norden Grönlands. Aufgrund der veränderten Naturverhältnisse können sie im Winter nicht mehr in ihre traditionellen Jagdgebiete fahren.

Als wir Ikuo in seinem Haus besuchten, saß er vor der Tür und hatte aus
einer schrumpeligen, aber prall gefüllten Robbenhaut kleine fetttriefende
Vögel entnommen und sie uns zum Essen angeboten. »Kiviaq« wird diese
Speise genannt, und sie gilt unter den Grönländern als eine wahre Delika-
tesse. Bei den Vögeln handelt es sich um Krabbentaucher, die im Frühling
in den Klippen mit Netzen gefangen werden. Durch einen Druck mit dem
Daumen aufs Herz werden sie getötet und dann – so wie sie sind – in eine
mit einer dicken Fettschicht behafteten Robbenhaut gelegt. Samt Federn,
Kopf und Innereien! Wenn eine solche Robbenhaut mit unzähligen Vögeln
gefüllt ist, wird sie verschlossen und unter Steine gelegt – und erst einmal
vergessen. Erst Monate später holt man sie wieder hervor und öffnet sie.
Der Geruch, der der Robbenhaut entströmt, erinnert stark an überreifen
Gorgonzola. Die kleinen Vögel sind vom Robbenfett durchdrungen und auf
diese Art und Weise fermentiert und genießbar geblieben. Das war von

alters her eine Art der Konservierung von Nahrungsmitteln und daher ungemein wichtig für die Vorratshaltung. Man nimmt die öligen Vogelkadaver in die Hand, zieht das Federkleid samt Haut ab und pult mit den Fingern, an denen das geronnene Blut herabtropft, das Fleisch von den Rippen. Zum Schluss werden die kleinen Vogelbeine abgeknabbert, die Knochen abgelutscht und der Rest fortgeworfen – der nächste Vogel ist an der Reihe. Das Fleisch ist zart und zergeht auf der Zunge. Es schmeckt streng und mag für den europäischen Gaumen ein wenig gewöhnungsbedürftig sein, aber schlecht schmeckt es jedenfalls nicht, und bekömmlich ist es auch.

Diese Art der Vorratshaltung ist in der heutigen Zeit ebenfalls problematisch geworden, wie Ikuo berichtet. Es gibt plötzlich Insekten, die Eier in die Häute ablegen und die Speise dadurch ungenießbar machen. Sie können nicht mehr so lange lagern wie früher. In den alten Zeiten wäre das eine Katastrophe gewesen, weil Kiviaq eine wichtige Nahrung für den langen Polarwinter war. Heute gibt es zwar einen Laden, in dem man Nahrungsmittel kaufen kann. Dennoch – noch vor wenigen Jahren hätte sich keiner

Siorapaluk – die am nördlichsten gelegene Siedlung der Erde, die indigenen Ursprungs ist. Rund 80 Menschen leben dort derzeit.

träumen lassen, dass die traditionellen Gebräuche der Vorratshaltung nicht mehr möglich sein könnten.

Und so ließen sich die Beispiele fortführen. Ob in Qaanaaq, Nussuaq oder Upernavik – überall die gleiche Aussage der Jäger: »Das Eis geht früher und kommt später.« Als wir Ende September das Schiff in der Nähe von Upernavik für den Winter einfrieren lassen wollen, kann uns keiner im Ort sagen, wann sich das Eis bilden wird. Vielleicht im Dezember, eher im Januar – vielleicht auch gar nicht.

Derweil taut nicht nur das Meereis, sondern auch das Inlandeis. Geschätzte drei Millionen Kubikkilometer Eis lagern im Inneren Grönlands. Am besten ist es mit einer großen Schüssel vergleichbar, in deren Inneren ein gewaltiger, bis zu drei Kilometer dicker Eiskuchen liegt. Dieser Eiskuchen schiebt seine Gletscher wie Zuckerguss über die angrenzenden Küstenge-birge und erreicht auf diese Art und Weise das angrenzende Meer. Würde der gesamte Kuchen schmelzen, stiege der Weltmeeresspiegel um ganze sieben Meter an. Gewaltige Mengen Eis brechen in Form von Eisbergen jedes Jahr von den Gletscherenden ab und treiben ins offene Meer hinaus, wo sie früher oder später auftauen. Bisher hielten sich der Massenverlust des grönländischen Inlandeises sowie der Zuwachs in Form von Nieder-schlägen in etwa die Waage. Dieses Gleichgewicht scheint jetzt gestört zu sein, Grönland verliert nach neuesten Erkenntnissen erheblich mehr an Volumen, als an Niederschlägen nachkommt. Das lässt sich bereits op-tisch feststellen. Anders als in den Alpen, wo die Gletscher sich massiv auf dem Rückzug befinden und Jahr für Jahr kleiner werden, haben einige der großen grönländischen Gletscherströme ihre Fließgeschwindigkeit nahezu verdoppelt. Einer der aktivsten Gletscher der Welt, der Sermeq Kujalleq, wanderte pro Tag gut 20 Meter voran und entlud dabei pro Jahr 35 Kubik-kilometer Eis in Form von Eisbergen ins Meer. Von 1950 bis 1999 war der Gletscher relativ stabil. Das änderte sich beim Jahrtausendwechsel. Von 2001 bis 2007 hat sich seine Fließgeschwindigkeit von 20 Meter pro Tag auf 40 verdoppelt; gleichzeitig hat er sich in diesem Zeitraum um zehn Kilo-meter zurückgezogen. Das Ergebnis: In den Fjorden und entlang der Küste treiben erheblich mehr Eisberge als noch vor wenigen Jahren. Einige der Fjorde wie der Inglefield Bredning im Nordwesten Grönlands weisen eine nie gekannte Eisbergdichte auf. Auch der Kangerlussuaq an der Ostküste ist produktiver geworden. Das sind nur einige Beispiele. Da die Wissenschaft-ler, die am letzten IPCC-Report gearbeitet haben, sich nicht einig waren, wie sich Grönland in Zukunft verhalten wird, hat man die Insel aus der Ge-samtbetrachtung herausgehalten – die größte Insel der Welt mit einem der größten Eisvorkommen fand weitgehend keine Berücksichtigung. Gleich-wohl ist der Meeresspiegelanstieg, der allein durch den Massenverlust des grönländischen Inlandeises verursacht wird, eine bekannte Größe:

Zwischen 1993 und 1998 stieg der Weltmeeresspiegel um 0,1 mm pro Jahr an. Im Zeitraum 1997 bis 2003 waren es 0,2 mm und 2005 bereits 0,6 mm. Zwischen 2006 und 2008 lag der Anstieg bereits bei 0,75 Millime-tern – und das ist ausschließlich auf den grönländischen Eiseintrag zurück-zuführen. Zur Verdeutlichung: Um einen Anstieg des Weltmeeresspiegels um 1 Millimeter zu bewirken, bedarf es einer Eismenge von 350 Milliarden Tonnen Eis!

Niemand kann mit Sicherheit sagen, wie sich Grönland bei einer Klimaerwärmung jenseits der angestrebten 2-°C-Grenze verhält. Es könnte insgesamt instabil werden und dann in viel schnellerem Tempo sich des Eises entledigen – verbunden mit einem deutlich höheren Meeresspiegelanstieg.

Laut einer Studie des WWF und der Allianz-Versicherung liegen 136 Millionenstädte an den Küsten. Besonders gefährdet werden Metropolen in Asien und an der amerikanischen Ostküste wie etwa New York, Boston, Philadelphia und Baltimore sein. Insgesamt sind laut dieser Studie 19 Billionen Euro an Vermögenswerten gefährdet. Ein Meeresspiegelanstieg hätte also direkte Auswirkungen auf die Bevölkerung. Aber er würde nicht nur die Städte treffen – die armen und flachen Länder wie Bangladesch oder die pazifischen Inselstaaten wären quasi dem Untergang geweiht. Der Klimawandel macht eben nicht am Polarkreis Halt.

Auf Grönland gibt es wohl kaum jemanden, der ernsthaft den Klimawandel bestreiten wird – bestenfalls gibt es noch die Fraktion derjenigen, die das auf eine natürliche Schwankung zurückführen möchten. Aber das sind nur wenige. Da hört man schon eher die Stimmen derjenigen, die im Klimawandel eine Chance für die Zukunft sehen. Man hofft auf bessere Fischereierträge – ja im bescheidenen Rahmen sogar auf landwirtschaftliche Nutzung. Immerhin liegt der äußerste Süden Grönlands auf der gleichen geografischen Höhe wie Oslo. Der junge grönländische Staat löst sich mehr und mehr von der Oberhoheit Dänemarks – damit aber auch zwangsläufig vom finanziellen Tropf. Grönland braucht Geld und sieht im Klimawandel durchaus wirtschaftliche Möglichkeiten. Letztlich liegt die Zukunft aber nicht im Umgang mit dem Klimawandel, sondern vielmehr in dessen Vermeidung oder zumindest Eingrenzung, wie das folgende Kapitel zeigt.

Innovation statt Depression – Jetzt die Krise nutzen!

Claudia Kemfert

Was hat Klimawandel mit Wirtschaft zu tun? Ist das nicht Sache der Politik? Oder der Naturwissenschaft? Auf jedem Kongress, auf jeder Messe, die ich besuche, treffe ich auf Unternehmer, die sich verwundert erklären lassen, dass das Thema Klima nicht bloß ein Talkshow-Thema über ein in ferner Zukunft möglicherweise auftretendes Problem, sondern ein handfestes unternehmerisches Thema von heute ist.

Die Experten sprechen von beängstigenden Temperaturen im Jahre 2050 oder von Energieengpässen 2030, was zugegebenermaßen aus der Perspektive eines Managers, der auf den nächsten Quartalsbericht oder den kommenden Jahresabschluss hinarbeitet, weit weg ist. Selbst wer weit über den kurzfristigen Erfolg hinaus denkt und langfristige Investitionen plant, tut dies selten über die nächsten fünf oder zehn Jahre hinweg. Die vermeintlichen Auswirkungen des Klimawandels, so winkt mancher Manager deswegen ab, sind für einen Betriebswirtschaftler von heute nicht relevant, denn selbst bei größter Weitsicht geraten die drohenden Szenarien eines Klimakollapses nicht ins unternehmerische Visier. Doch Obacht! Wer so denkt, sollte am Rädchen seines Fernglases schrauben und den Blick auf die Klima-Zukunft scharf stellen. Vielleicht ergeben sich dann ganz neue Perspektiven!

Sicher, die schlimmsten Auswirkungen des Klimawandels stehen erst (oder schon?) der nächsten Generation ins Haus. Doch ich will in Kürze skizzieren, warum Wirtschaft und Gesellschaft bereits heute das Thema Klimawandel auf die Agenda setzen sollten.

Schon in fünf bis zehn Jahren werden die sogenannten Anpassungskosten an den Klimawandel so stark gestiegen sein, dass man sie nicht länger ignorieren kann. Ob häufigere Gebäudeschäden durch Hagelschlag, Hochwasser und Sturmböen oder erhöhte Kühlungskosten für Mensch und Maschine durch stetig steigende Temperaturen im Sommer: Bereits jetzt spüren wir immer häufiger, was Klimawandel – jenseits von schmelzenden Polarkappen und Hollywood-Eiszeit-Fantasien – im konkreten Wirtschaftsleben bedeuten kann. Zudem werden in den nächsten Jahren die Preise für fossile Energien so stark gestiegen sein, dass sich immer weniger Betriebe eine energieintensive Produktion leisten können. Erneuerbare Energien sind vermutlich schon bald die preisgünstigere Alternative. In jedem Fall sollte man sich überlegen, ob man heute noch in ein konventionell angetriebenes Fahrzeug oder eine Immobilie mit herkömmlicher Klimatechnik wie Öl- oder Gasheizung investieren will.

Schon in den nächsten zwei bis drei Jahren werden Politik und Gesetzgeber aus Verantwortung für die zukünftigen Generationen, aber auch aus Gründen globaler Gerechtigkeit Regelungen festschreiben, die den ungebremsten Ressourcenverbrauch des letzten Jahrhunderts stoppen oder zumindest verschärft regulieren. Ähnlich wie wir es bereits in der Vergangenheit beim »Ozonkiller« FCKW erlebt haben, werden die Gesetzgeber der ganzen Welt sich auch in Bezug auf CO_2 und andere Klimagase auf Regularien und Verbote einigen. Bereits Ende 2007 war zum Beispiel europaweit die Diskussion um Emissionsgrenzwerte für Pkws voll entbrannt, doch damals ist die deutsche Automobilindustrie noch einmal mit einem blauen Auge davongekommen. Über kurz oder lang wird es jedoch sehr viel strengere Werte geben als heute, und darauf sollte man sich rechtzeitig einstellen. Spätestens 2012 steht das weltweite Klimaschutzabkommen auf der Tagesordnung.

Die Zukunft hat längst begonnen: Ein Ölbohrschiff liegt auf Warteposition vor der Nordküste Kanadas unweit der Insel Herschel.

Aber selbst in Bezug auf den nächsten Jahresabschluss könnte es sinnvoll sein zu wissen, was ein »Carbon Footprint« ist und ob die eigenen Produkte, die man seinen Kunden anbietet, klimaneutral hergestellt werden (können) oder nicht. Denn die Verbraucher sind kritischer geworden.

Wer die wirtschaftlichen Aspekte des Klimawandels betrachtet und die Grundregeln der Wirtschaft kennt, weiß: Wo es Verlierer gibt, gibt es immer auch Gewinner. Klimaschutz ist keine Last, sondern der Wirtschaftsmotor der Zukunft, sofern Investition und Innovation auch weiterhin Deutschlands Markenzeichen bleiben.

Das glückliche Klimalos

Welche Unternehmen zu den Gewinnern und Verlierern des Klimawandels und des Klimaschutzes gehören, versuchen die Banken in aufwendigen Forschungsarbeiten herauszufinden. Denn je früher man in
Wachstumsmärkte investiert, desto mehr Rendite wird man am Ende
einfahren. So hat zum Beispiel die Forschungsabteilung der Deutschen
Bank, DB Research, im Jahre 2007 untersucht, wie sich der Klimawandel auf einzelne Branchen auswirken wird. Die Wissenschaftler haben
nicht nur die Folgen des Klimawandels an sich berücksichtigt, also seine

Gewaltige Dimensionen. Ein Kreuzfahrtschiff nähert
sich der Abbruchkante eines Gletschers in der
Antarktis. Im Bereich der Antarktischen Halbinsel
lassen sich ebenfalls Veränderungen feststellen, die
offenbar auf den Klimawandel zurückzuführen sind.

klimatisch-natürliche Dimension, sondern auch die Folgen der gesetz-
lichen Regelungen, die der Klimawandel mit sich bringt. Denn durch die
Einführung gesetzlicher Verbote, Einschränkungen oder steuerlicher
Begünstigungen gibt es Verschiebungen im Markt. Alle gesetzlichen
Regelungen haben Gewinner und Verlierer, deshalb werden sie auch so
vehement diskutiert.

Außerdem müssen wir damit rechnen, dass der Klimawandel sich
auch in anderer Hinsicht in der Rechtsprechung der Gerichte nieder-
schlägt, was von erheblicher Auswirkung für unser Wirtschaftsleben
sein wird. Erst im April 2008 hat ein spanisches Gericht den Bau eines
großen Wintersportzentrums in Nordspanien verboten und begründete
sein Verbot mit dem Klimawandel. In San Glorio in der Provinz León,
wo die Ski-Anlagen errichtet werden sollten, werde es aufgrund des

Klimawandels voraussichtlich immer weniger Schnee geben, erklärte der Oberste Gerichtshof der Region Kastilien-León. Es sei daher »höchst zweifelhaft«, ob das Vorhaben wirtschaftlich überlebensfähig sei. Deswegen sei nicht zu rechtfertigen, dass durch die Anlage von insgesamt 55 Kilometer Skipiste ein Naturschutzgebiet gefährdet werde, das einen der letzten Bestände wild lebender Braunbären in Spanien beheimate.

Die Siedlung Upernavik im Nordwesten Grönlands. Unweit dieses kleinen Ortes haben wir die DAGMAR AAEN im Winter 2009/2010 einfrieren lassen. Wissenschaftler haben das Schiff als Basis genutzt, um von dort aus zu forschen.

Wie ein Spiegel reflektiert das Eis das Sonnenlicht. Das Meereis ist ein wichtiges Regulativ.

Und es zeigt sich, dass nur wenige Branchen komplett zu Verlierern des Klimawandels werden, sondern dass es selbst innerhalb einzelner Branchen Verlierer und Gewinner geben wird. Auch sind es interessanterweise eher die gesetzlichen Regelungen, die zu Marktverschiebungen führen, als der Klimawandel an sich. So wird beispielsweise die Automobilindustrie am stärksten unter neuen Klimagesetzen leiden müssen, ebenso die Energiewirtschaft – jedenfalls so lange sie auf fossile Energieträger setzt. Steigt die Branche auf erneuerbare oder alternative, CO_2-freie Energien um, gehört sie zu den Profiteuren der neuen Gesetze. Maschinenbau und Elektrotechnik, aber auch die Chemie- und Kunststoffindustrie dagegen können direkt vom Klimawandel profitieren.

In jedem Fall gilt: Der Klimawandel verschiebt Geld; den einen kostet er etwas, den anderen spült er etwas in die Kasse. Es wird glückliche Gewinner geben, denen der Klimawandel einen kleinen Obolus in den Schoß wirft, einfach so und ohne eigenes Zutun. Wer auf sein Glück hofft, kann also das Thema ignorieren und weiter in der Nase bohren – bis ihn das glückliche Klimalos trifft. Für die anderen stellt sich die Frage, wie sie aktiv mit den Risiken und Chancen des Klimawandels umgehen können – und ob sie den Mut und den Verstand haben, frühzeitig die neuen Märkte zu erkennen und sich auf sie einzustellen. Der frühe Vogel pickt das Korn! Das gilt auch für den Klimaschutz.

Trotzdem ist die Verunsicherung groß. Denn was genau kann man tun? Was genau muss man lassen? Was bedeutet der Klimawandel für unser konkretes Handeln hier und heute? Kann man den Klimawandel überhaupt noch stoppen? Autofahren, Urlaubsreisen, Konsum allgemein – ist das noch erlaubt? Wie soll man leben, wenn doch alles, was man tut, angeblich dem Klima schadet?

Wir kaufen Energiesparlampen und essen Biobananen, fahren aber mit dem Auto zum Supermarkt und lassen währenddessen zu Hause den Wäschetrockner laufen. Wir machen umweltbewusst Wanderurlaub, sind dafür aber 1000 Kilometer nach Gomera geflogen. Wir stecken im Klimadilemma, weil wir nicht wissen, wie wir aus dem scheinbar alternativlosen Entweder-oder von Umweltzerstörung und Askese herauskommen sollen.

So schwanken wir auf geradezu selbstquälerische Weise zwischen dem kurzen Glück des guten Gewissens und dem langen Schuldbewusstsein der bösen Tat hin und her. Wir fühlen uns einen Moment lang großartig, weil wir klimabewusst mit der Straßenbahn zu einem Fest gefahren sind, und lassen uns im nächsten Moment davon runterziehen, dass jemand unser Gastgeschenk als Klimasünde entlarvt – oder schlimmer noch – als Marketing-Gag einer Ökoindustrie, die unser neues Klimabewusstsein ausnutzt, um uns das Geld aus der Tasche zu ziehen.

Und dann sind da noch die Inder und Chinesen. Sie imitieren unseren Lebenswandel, arbeiten und produzieren wie die westlichen Industrieländer, nur schneller und billiger, und stoßen plötzlich viel mehr klimaschädliche Gase aus, mehr als wir hier reduzieren können. Das neue und ungebremste Wachstum der sogenannten Schwellenländer führt uns auf schmerzhafte Weise vor Augen, wie schädlich unser Lebensstil in den letzten Jahrzehnten war und wie lächerlich unsere Bemühungen um Besserung heutzutage sind. Was sind ein paar deutsche Ökos gegen 1,1 Milliarden Inder? Was ein paar Tausend europäische Klimaschützer gegen 1,3 Milliarden Chinesen?

Bei alledem geht es nicht um Leben und Tod, um Weltuntergang oder Weltrettung, sondern schlicht um Geld. Je nachdem wie der Klimawandel verläuft, kommt am Ende und unterm Strich mehr oder weniger heraus – nur wie viel? Genau dies hat der sogenannte Stern-Report errechnet.

Um die volkswirtschaftlichen Kosten des Klimawandels und des Klimaschutzes zu bewerten, beauftragte im Juli 2005 die britische Regierung den Wissenschaftler Sir Nicholas Stern, die volkswirtschaftlichen Auswirkungen des Klimawandels zu berechnen, für Großbritannien und die ganze Welt. Am 30. Oktober 2006 veröffentlichte Stern seine Ergebnisse in einem 700 Seiten starken Bericht. Sein Fazit: Der Klimawandel wird erhebliche volkswirtschaftliche Kosten verursachen, bis zum Jahre 2100 zwischen 5 und 20 % des globalen Bruttosozialproduktes. Das heißt, schlimmstenfalls würde ein Fünftel des Welteinkommens, ein Fünftel dessen, was in der Welt insgesamt verdient wird, in den nächsten 100 Jahren gebraucht, um die Folgekosten des Klimawandels zu bezahlen.

Natürlich sorgten diese spektakulären Ergebnisse weltweit für Schlagzeilen – und genau das war auch die Absicht, die die britische Regierung verfolgte, als sie das Gutachten in Auftrag gab. Deswegen lag die Kritik nahe, Stern sei von extrem pessimistischen Szenarien ausgegangen, um möglichst drastische Werte vorlegen zu können.

Doch der Stern-Bericht war keineswegs der erste und blieb auch nicht der einzige, der solche Zahlen präsentierte. Die Kosten des Klimawandels hatte schon mehr als zehn Jahre zuvor der amerikanische Wirtschaftsprofessor William D. Nordhaus berechnet: Nordhaus war

Die Arktis mag aus der Luft karg wirken. Das täuscht aber, es gibt eine komplexe Flora und Fauna.

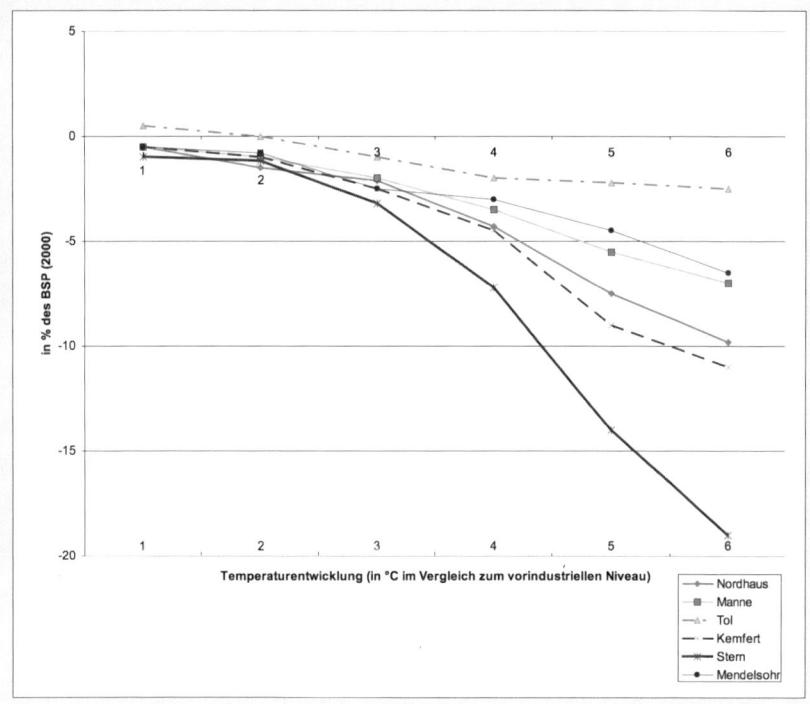

einer der ersten Ökonomen, die sich mit Klimaschäden beschäftigten. Als Mitglied des Wirtschaftsbeirates des amerikanischen Präsidenten Jimmy Carter hatte er Ende der 1970er-Jahre erstmals moderne Themen wie Ökologie, Energie und Klima in die wirtschaftspolitischen Überlegungen eingebracht. 1995 präsentierte er als erster anerkannter Ökonom eine Schadensschätzung infolge des Klimawandels und kam bei seinen Berechnungen zu ähnlichen Klimakosten wie Stern, wenngleich im Worst-Case-Szenario geringer, nämlich nur bis zu 10 % des Bruttosozialproduktes. Aber auch das wäre immer noch zehnmal mehr als das eine Prozent des Bruttosozialproduktes, das die im letzten Jahrhundert schlimmste Weltwirtschaftskrise Ende der 1920er-Jahre an Kosten verursachte. Ein weiterer Ökonom, Professor Alan Manne von der Stanford University, hat sich mit den ökonomischen Folgen des Klimawandels beschäftigt, und genau wie Nordhaus hat er eine ganze Bandbreite wirtschaftlicher Schäden berechnet, die vom Klimawandel verursacht werden. Mannes Grundlagen fließen bis heute in meine Berechnungen ein.

Ein anderer Klima-Ökonom, der Holländer Richard Tol, der heute am Institute for Economic and Social Research in Dublin tätig ist, gehört zu den stärksten Kritikern des Stern-Reports. Doch obwohl Tol seinem Kollegen Stern den üblichen Vorwurf der »Panikmache« entgegenhält und beispielsweise die positiven wirtschaftlichen Effekte für Russland sehr viel höher einschätzt, kommt auch er selbst in seinen Modellrechnungen auf Klimawandelkosten von immerhin 2 bis 3 % des Bruttosozialproduktes. Auch nicht gerade ein Pappenstiel!

Die zitierten Professoren und die vielen anderen volkswirtschaftlichen Studien, die in den letzten Jahren zur Frage der Klimakosten entstanden sind, kommen alle zum selben Ergebnis: Alle positiven Effekte des Klimawandels und alle negativen zusammengerechnet, ergeben unterm Strich ein negatives Ergebnis. Insofern gibt es also genügend wissenschaftliche Übereinstimmung, um definitiv sagen zu können: Der Klimawandel kostet Geld, viel Geld, so viel Geld, dass es sich lohnt, darüber nachzudenken, wie man dieses viele Geld sparen kann.

Umwelt-Weltmeister Deutschland

Jahrelang war Deutschland weltweit Spitzenreiter in Forschung und Entwicklung von Umwelttechnologien. Doch die »Studie zum deutschen Innovationssystem«, die 2007 gemeinsam vom Niedersächsischen Institut für Wirtschaftsforschung, dem Zentrum für Europäische Wirtschaftsforschung und dem Fraunhofer Institut durchgeführt wurde, zeigte: Deutschland droht den Spitzenplatz im Umweltsektor zu verlieren. Italien hat inzwischen sehr große Stärken im Maschinen- und Anlagenbau, Dänemark, Großbritannien und die USA gewinnen durch Spezialisierung zum Beispiel im Bereich Recycling, Wasser, regenerative Energien, und schließlich haben sich die Schweiz und Schweden unter anderem durch Techniken zur Luftreinhaltung nach vorn gearbeitet.

All diese Länder haben im Wettbewerb um Marktanteile im Umweltbereich längst zu Deutschland aufgeschlossen. In Bezug auf Umweltschutzgüter hat sich Japan inzwischen zum Hauptkonkurrenten gemausert und spielt auf den Weltmärkten eine gewichtige Rolle. Beim Export von verarbeiteten Industriewaren ist Deutschland im Umweltsegment bereits von Japan überholt worden.

Wer glaubt, sich auf den Leistungen der Vergangenheit ausruhen zu können, irrt. Deutschland war zwar 2004 mit einem Welthandelsanteil von 16,4 % größter Exporteur von Umweltschutzgütern und lag damit erstmals seit langem knapp vor den USA. Doch dass Deutschland derzeit auf der Umweltexport-Hitliste ganz oben steht, liegt nicht etwa daran, dass sich die Exportquote Deutschlands verbessert hätte (im Gegenteil: Sie ist relativ stabil geblieben, also ohne relevantes Wachstum). Es liegt allein daran, dass sich die Werte der Amerikaner extrem verschlechtert haben: Sie sind von vormals 22 % auf 16,1 % gefallen.

Genau genommen liegt dieser Exporterfolg nicht an der Qualität der deutschen Umwelttechnologie, sondern daran, dass Deutschland ein starkes Exportland ist. Die Umwelttechnologie ist im Vergleich mit sonstigen Technologien, die wir exportieren, nur etwas besser als der Durchschnitt. Schlimmer noch, ausgerechnet die Klimaschutzgüter – die angesichts der Weltklimapolitik der größte Verkaufsschlager sein müssten – verkaufen sich weniger als deutsche Durchschnittstechnik. Wenn wir auf Dauer mithalten wollen, haben wir dringenden Handlungsbedarf und müssen in Forschung und Entwicklung von Klimatechnologie investieren.

Die Zukunft liegt für ein kleines Land wie Deutschland in Innovationen. Nur wenn wir gute Ideen haben und durch bahnbrechende Produktneuerungen auf dem Weltmarkt auffallen, werden wir als Exportweltmeister auch im Klimaschutz gewinnen.

Zwar lagen wir 2004 mit den Ausgaben für Umweltforschung weit über dem OECD-Durchschnitt und auch über der EU, aber längst holen andere Länder auf. In absoluten Zahlen sind zum Beispiel die Ausgaben von Frankreich und Japan für Umweltforschung mehr als doppelt so hoch. In Portugal und Griechenland, Länder, denen man früher eher ein unterentwickeltes Umweltbewusstsein nachsagte, hat die Umweltschutzforschung inzwischen dieselbe Bedeutung wie in Deutschland. Auch Kanada hat seine Forschungsintensität erhöht und steht im internationalen Wettbewerb mittlerweile auf einem vorderen Rang.

Immerhin hat Deutschland in den letzten Jahren seine Forschungs-

Pinguine stehen in Reih und Glied auf einem treibenden Eisberg. Wenn der erste ins Wasser springt, folgen ihm meist alle anderen nach. Eine Kettenreaktion, die das Geschehen um uns herum versinnbildlicht.

gelder verstärkt in den Bereich Klimaschutz, also regenerative Energien und rationelle Energieumwandlung, investiert. Dennoch hat dies nicht dazu geführt, dass wir uns dadurch irgendeinen Vorsprung hätten erarbeiten können. Offenbar haben auch alle anderen ihre Forschung im Klimaschutz intensiviert. Ausgerechnet im zukunftsrelevanten Teilfeld der regenerativen Energien hat Deutschland an Boden verloren und anderen Ländern das Rennen überlassen. Dabei hätte man in diesem Forschungsfeld eigentlich erwarten können, dass hier im Musterland der Erneuerbare-Energien-Politik eine gewisse Sensibilität für die Relevanz des Themas besteht.

Das fehlende Engagement spiegelt sich auch in der Zahl der Patentanmeldungen: Zwar ist Deutschland weiterhin erfinderisch, auch in der Umweltschutztechnologie, aber statt 34 % wie Mitte der 1980er-Jahre sind es jetzt nur noch 23 % aller Patente, die aus Deutschland kommen. Gerade im klimarelevanten Bereich der stark expandierenden erneuerbaren Energien und der rationellen Energienutzung warten neben Deutschland Japan, Österreich und Dänemark mit ausgesprochen guten Zahlen auf – und das inklusive aller Brennstoffzellentechnologie, die traditionell ein deutsches Forschersteckenpferd ist.

Auch alle anderen Nationen forschen selbstverständlich nicht nur für den Eigenbedarf, sondern sind, verstärkt seit Mitte der 1990er-Jahre, an den Ansprüchen der internationalen (Export-)Märkte ausgerichtet. Wenn wir Deutschen also auf die wachsenden Märkte in Asien und Südamerika hoffen, dann sind wir damit nicht allein.

Wir Deutschen, die wir uns immer als Vorreiter in Sachen Umweltschutz gesehen haben, stehen vor einer ungewohnten Herausforderung: Wir müssen die Innovationsmöglichkeiten zum Klimaschutz rechtzeitig nutzen. Dann sind wir am Schluss nämlich nicht nur die mit den guten Absichten, sondern auch die mit den guten Geschäften!

Die wirtschaftlichen Chancen des Klimaschutzes

Die deutsche Wirtschaft kann wie keine andere vom Boom der Branchen der erneuerbaren Energien profitieren, aber auch durch den Ausbau der Energieeffizienz, innovativer Kraftwerkstechnologien und Antriebstechnologien sowie auch in den klassischen Umweltschutzbranchen wie Müllverarbeitung, Recycling und Wasseraufbereitung weiterhin Weltmarktpotenziale ausbauen. Im Bereich erneuerbarer Energien sind allein bisher 280 000 Arbeitsplätze entstanden. Bis zu einer Million zusätzliche Arbeitsplätze sind in diesen Bereichen in den kommenden 10 Jahren möglich! Im Klimaschutz liegen wirtschaftliche Chancen. Bereits heute wird mit dem Klimaschutz branchenübergreifend Geld verdient. Unser Potenzial liegt maßgeblich in der Erforschung und Entwicklung neuer Technologien. Als »Land der Ingenieure« können wir durch Technologieführerschaft Klima-Weltmeister werden.

Die Umstellung der Energieversorgung und Mobilität bedarf Jahrzehnte. Wir dürfen aber nicht warten, bis uns das Öl ausgeht, wir müssen jetzt beginnen, klug die politischen Weichen stellen und drei Krisen mit einer Klappe schlagen: die Wirtschafts-, die Energie- und die Klimakrise.

Klimaschutz ist der Wirtschaftsmotor der Zukunft. Die deutsche Wirtschaft hat die besten Ausgangsvoraussetzungen, ihren Wettbewerbsvorteil in puncto Umwelt- und Klimaschutz weiter auszubauen. Viele Nationen, allen voran die USA und auch China, haben erkannt, dass die Wirtschaft mittel- bis langfristig auf grüne Techniken umstellen muss, um überhaupt wettbewerbsfähig zu sein.

Die Verbesserung der Energieeffizienz ist volkswirtschaftlich die preiswerteste und effizienteste Möglichkeit des Klimaschutzes. Insbesondere sollten Gebäude besser gedämmt und in jeglichen Bereichen alles getan werden, um Energie einzusparen. Weiterhin müssen wir die Märkte regulieren und den Emissionshandel konsequent umsetzen. Die Politik sollte außerdem »Grüne Märkte« unterstützen, für Energiesicherheit sorgen, die Netz-Infrastrukturen ausbauen und Forschung und Entwicklung stärken. Klimaschutz ist keine Last, sondern der Wirtschaftsmotor der Zukunft.

Durch gezielte Investitionen in die richtigen Bereiche, Infrastruktur, Energieeffizienz, Gebäudedämmung, Erforschung innovativer, CO_2-freier, sicherer und bezahlbarer Energien können wir gestärkt aus der Krise hervorgehen!

DIE AUTORIN

Prof. Dr. Claudia Kemfert leitet seit April 2004 die Abteilung Energie, Verkehr, Umwelt am Deutschen Institut für Wirtschaftsforschung (DIW Berlin) und ist Professorin für Energieökonomie und Nachhaltigkeit an der Hertie School of Governance in Berlin. Sie ist Wirtschaftsexpertin auf den Gebieten Energieforschung und Klimaschutz. Claudia Kemfert ist Beraterin von EU-Präsident José Manuel Barroso und Gutachterin des Intergovernmental Panel on Climate Change (IPCC). Sie ist eine mehrfach ausgezeichnete Spitzenforscherin und gefragte Expertin für Politik und Medien.

Die Welt im Wandel

Es geht um nicht mehr und nicht weniger als darum, eine grundsätzlich neue Einstellung im Umgang mit den natürlichen Ressourcen und einen verantwortungsvollen Umgang mit der Erde insgesamt zu finden. Zugegebenermaßen klingt das gewaltig – denn es ist in der Tat eine neue industrielle Revolution erforderlich. Aber warum schreckt uns das eigentlich? Wenn man sich den Anstieg der Weltbevölkerung ansieht, den daraus erwachsenden Energiebedarf sowie insbesondere den zukünftigen Nahrungsmittelbedarf, dann müssen grundlegend neue Wege beschritten werden, um den wachsenden Bedarf zu bedienen. Wenn wir das nicht begreifen, wird es zu einer noch stärkeren Polarisierung zwischen Arm und Reich kommen, als das ohnehin schon der Fall ist. Das birgt ein enormes Konfliktpotenzial. Kriege sind aus wesentlich geringeren Gründen geführt worden.

Es geht in diesem Zusammenhang sogar um viel mehr als »nur« um die Klimafrage. Es geht vielmehr um ein vollkommen neues Konzept, eine Art »Globales Naturmanagement«. Einmal von den Emissionen abgesehen, ist es wenig sinnvoll, Erdöl durch den Schornstein zu verfeuern, wenn das Öl doch zugleich einen wertvollen und endlichen Rohstoff darstellt, aus dem sich viele andere Produkte fertigen lassen. Die nachfolgenden Generationen werden uns wegen unseres sorglosen Umgangs mit endlichen Ressourcen in naher Zukunft mit Kopfschütteln bedenken.

Solange Entwicklungsländer ihre Regenwälder abholzen lassen, um mit dem Erlös aus dem Verkauf der Tropenhölzer die Staatskasse zu füllen, und anschließend auf dem Boden Palmölplantagen anbauen, dürfen wir uns nicht wundern, wenn die Regenwälder unwiederbringlich verschwinden. Es muss verstanden werden, dass der Erhalt der Regenwälder keine nationale Angelegenheit einiger Länder ist, sondern im Interesse und in der Verantwortung aller Länder dieser Welt liegt. Die Regenwälder binden CO_2. Da die westlichen Industrienationen für rund 70 % der emittierten Treibhausgase verantwortlich sind und gleichzeitig nur einen kleinen Teil der Weltbevölkerung darstellen, müssen sie auch im eigenen Interesse für den Erhalt der Regenwälder zahlen. Es muss Geld fließen, damit jene Länder ihren Regenwald erhalten, anstatt ihn abzuholzen. Anbauflächen für Palmölplantagen gibt es auch jenseits der Regenwälder in genügender Anzahl.

Eine meiner ersten Expeditionen führte mich 1978 in den tropischen Regenwald Kalimantans, dem indonesischen Teil Borneos. Wochenlang streiften wir durch den Regenwald, fuhren mit Einbäumen die großen Flüsse ins Landesinnere hinauf und trafen sogar noch auf Einheimische, die weitgehend ihr traditionelles Leben führten. Auch damals gab es bereits gerodete Flächen und Straßen im Dschungel, auf denen die Edelhölzer abtransportiert wurden. Aber das fiel damals noch nicht so ins Auge. Insgesamt hatte man den Eindruck, dass es noch ausreichend Primärwald gab.

1987 kehrte ich nach Borneo zurück und unternahm eine weitere Expedition – teilweise auf denselben Routen wie neun Jahre zuvor. Dort, wo wir 1978 intakten Regenwald vorgefunden hatten, gab es plötzlich Kahlschlag. Bauern versuchten vereinzelt dem ausgelaugten Boden ein wenig Landwirtschaft abzutrotzen – mit mäßigem Erfolg. Das, was die Holzfäller übrig gelassen hatten, wurde ein Opfer der Brandrodung, um Felder anzulegen. Es gab Tage, da war der Flughafen von Samarinda geschlossen, da die Rauchschwaden so undurchdringlich waren, dass der Flugverkehr aus Sicherheitsgründen eingestellt werden musste. Zum Abschluss der Expedition bin ich damals weite Gebiete abgeflogen, um aus der Vogelperspektive einen Eindruck zu gewinnen. Die Transportwege der Holzfällerunternehmen zogen sich wie Spinnweben durch den Primärwald; die Flüsse waren verstopft mit Holzflößen, der Dschungel wies Narben und Kahlschläge auf, die ich nicht für möglich gehalten hätte.

Korallen reagieren empfindlich auf Temperaturschwankungen. Wenn die Ozeane zudem immer mehr CO_2 binden, werden sie zunehmend saurer und zerstören in der Folge die Korallenriffe.

Ich bin seither nie wieder zurückgekehrt – irgendwie habe ich mich nicht dazu durchringen können. Aber ich habe »gegoogelt«. Borneo ist nicht mehr die Insel, die ich in den 1970er- und 1980er-Jahren kennengelernt habe. Aus der Google-Perspektive überziehen die Palmölplantagen die Insel wie eine riesige Flechte. Dieser Prozess ist nicht reversibel. Keine Ahnung, wie viele Arten an Pflanzen und Tieren allein auf Borneo mittlerweile ausgerottet worden sind – weltweit sind es jedenfalls 150 Arten pro Tag! Aufs Jahr bezogen macht das die beängstigende Summe von 54 750. Diese Pflanzen und Tiere, die wir fleißig dezimieren, sind nicht nur »nice to have«, wir brauchen sie.

40 % des Wohlstandes der Welt basieren auf den natürlichen Lebensgrundlagen. Der Schutz und Erhalt der natürlichen Artenvielfalt ist also kein exklusives Hobby, sondern eine Grundlage unseres Wohlstandes.

Ähnlich ruinös wie wir mit den Regenwäldern umgehen, behandeln wir die Ozeane. Ganze Fischpopulationen stehen vor dem Kollaps, aber es wird fleißig weiter gefischt, auch solche Arten, die kurz vor dem Exodus stehen. Kaltwasserkorallen werden, kaum dass sie entdeckt worden sind, von den Schleppnetzen der Hochseetrawler zerstört. Und das, was die Schleppnetze

übrig lassen, wird indirekt letztlich auch von uns zerstört: Durch die Bindung von CO_2 in den Weltmeeren versauern die Ozeane. Es entsteht schweflige Säure (H_2SO_3), die die Korallen quasi auflöst. Auch mit einer Erwärmung der Ozeane können Korallen nur schwer umgehen. Und so könnte man in der Aufzählung fortfahren.

Wir müssen dazu übergehen, die Natur im Gesamtkontext zu sehen und zu verstehen. Die Natur darf in unserer Wahrnehmung nicht auf den Stadtpark oder den eigenen Garten reduziert werden – die Natur ist überall und unser aller Lebensgrundlage.

Ein Hochseetrawler kehrt von einer Fangreise zurück. Die technisch hochgerüsteten Fangschiffe finden auch den letzten Fisch.

Je kleiner die einzelnen Eisschollen werden, desto schneller lösen sie sich auf. Auch Walrosse benötigen das Eis. Sie ruhen sich auf den Schollen aus und treiben gleichzeitig neuen Futtergründen entgegen.

Es muss – unabhängig aller Ökodoktrin und sogenannter alternativen Lebensformen – ein neues Naturverständnis geschaffen werden. Dabei besteht zum Glück überhaupt keine Veranlassung, in Depressionen zu verfallen nach dem Motto: »Hat doch eh alles keinen Sinn«. Wie wir gehört haben, lässt sich mit neuen Technologien trefflich Geld verdienen. Die neuen Technologien stehen – wie im nächsten Kapitel zu lesen sein wird – weitgehend zur Verfügung und sind zum großen Teil auch einsatzbereit. Man muss sie nur anwenden. Aber natürlich gibt es einen enormen Forschungsbedarf, der auch staatliche Subventionen erfordern wird. Aber wenn wir es uns leisten, eine Abwrackprämie für Autos zu finanzieren, um die Automobilindustrie zu stützen, oder – ein anderes Beispiel – seit Jahrzehnten Kohlekraftwerke und Atomstrom subventionieren, dann spricht wohl nichts dagegen, kräftig in die Entwicklung regenerativer Energien zu investieren.

Wir müssen CO_2 als eine Art unerwünschtes Abfallprodukt einstufen und auch entsprechend behandeln. Die beste Lösung wäre, so wenig wie möglich davon zu produzieren, und dort, wo es derzeit noch nicht ver-

Durch Wind und Strömungen wird das Eis zusammengeschoben. Einzelne Schollen schieben sich übereinander und verkeilen sich ineinander. Das gesamte Eisfeld ist ständigen Veränderungen unterworfen.

meidbar ist, Gebühren einzuführen. Kein Bürger, keine Firma empört sich darüber, wenn für die Müllabfuhr gezahlt werden muss. Das gehört zu unserem Alltag wie die Wohnungsmiete oder die Telefonrechnung. Es müssen Anreize gesetzt werden, um CO_2-Einsparmaßnahmen attraktiv zu machen. Der sogenannte Emissionshandel ist eine entsprechende Maßnahme. Er funktioniert folgendermaßen: Jedes produzierende Industrieunternehmen erhält vom Staat eine gewisse Anzahl von CO_2-Zertifikaten, die dem Unternehmensbedarf gerecht werden. Produziert dieses Unternehmen aber nun plötzlich deutlich mehr, einhergehend mit höheren CO_2-Emissionen, aber dafür auch höheren Umsätzen, muss es zusätzliche Zertifikate von Unternehmen dazukaufen, die ihr Kontingent aus welchen Gründen auch immer nicht ausgeschöpft haben. Wenn die Umsätze dieses Unternehmens hingegen stagnieren, reichen die ausgehändigten Zertifikate. Produziert es sogar weniger und verursacht dadurch geringere Emissionen, kann es die unverbrauchten Zertifikate verkaufen. Daraus resultiert insgesamt ein starkes Interesse der Unternehmen, die Emissionen möglichst gering zu halten – entweder um den teuren Zukauf zu vermeiden oder aber überschüssige Zertifikate gewinnträchtig zu verkaufen. Das führt unter anderem zu einer Modernisierung der Produktionsanlagen. Damit es aber nicht bei dem Status quo bleibt und quasi konstante Emissionswerte auf hohem Niveau erhalten werden, findet die Verteilung der Zertifikate jedes Jahr neu statt – und jedes Mal werden ein paar weniger ausgegeben. Wer also CO_2-sparsam arbeitet, wird belohnt. Wer aber verschwenderisch damit umgeht und weiterhin viel CO_2 emittiert, muss zukaufen.

In Deutschland produziert jeder Bürger durchschnittlich 10,2 Tonnen CO_2 pro Jahr (Stand: 2007). In Mali sind es hingegen lediglich 50 Kilogramm. Gerade die armen Länder sind es aber, die die Auswirkungen des Klimawandels in Form von Dürren und Ernteausfällen besonders hart treffen. Wenn die Zielvorgabe, die Erwärmung der Atmosphäre um 2 °C zu begrenzen, eingehalten werden soll, dann dürfte jeder Mensch auf dieser Erde nur noch zwei Tonnen CO_2 pro Jahr verursachen. Das Argument einiger Klimaskeptiker, dass es ja ohnehin nichts bringe, wenn in Deutschland CO_2 eingespart wird, aber gleichzeitig 1,1 Milliarden Inder weitermachen wie bisher, sticht ebenfalls nicht. Ein Deutscher verursacht zehnmal so viel CO_2 pro Kopf und Jahr wie ein Inder. Bevölkerungszahl hin oder her – es geht hier um gerechte Aufteilung und Umverteilung. Deshalb ist das Problem des Klimawandels auch kein nationales, sondern ein internationales.

Die Zeiten der »drei Ds«, wie es der frühere Umweltminister und ehemalige UNEP-Chef Klaus Töpfer einmal formuliert hat, sind unwiderruflich vorbei. Die »drei Ds« haben das politische Denken und Handeln in Sachen Klimaschutz jahrelang geprägt. Sie stehen für »Deny – Delay – Do Nothing«. Zu Deutsch: »Leugne es – Verzögere es – Mach gar nichts«. Damit ist jetzt Schluss! Diese Einsicht hat sich offenbar bei fast allen Staaten durchgesetzt. Die politisch hochkarätig besetzte Klimakonferenz in Kopenhagen im Dezember 2009 machte deutlich, dass es im Grunde genommen keine Nation mehr gibt, die den anthropogenen Klimawandel infrage stellt und ihn nicht als eine Bedrohung ansieht. Die Fragestellung reduziert sich eher darauf, welcher Staat bis zu welchem Jahr wie viel CO_2 einsparen muss – und wer die Zeche bezahlt.

Wir müssen einen größtmöglichen Konsens auf allen gesellschaftlichen Ebenen schaffen und zugleich die erforderlichen Technologien entwickeln und zur Verfügung stellen. Wie weit der Stand der Technik ist, wird im folgenden Kapitel erklärt.

Energie – Das zentrale Problem des Klimawandels

Olav Hohmeyer, Helge Maas und Emöke Kovač

Mit dem energetischen Verbrauch fossiler Ressourcen trägt der Mensch maßgeblich zum Klimawandel bei. Nur ein rechtzeitiges Handeln unserer Generation kann die gravierenden Folgen wie den drastischen Anstieg des Meeresspiegels verhindern. In Zukunft muss der Fokus weg von den fossilen Energieträgern hin zu den erneuerbaren Energien in Verbindung mit Energieeffizienz und -einsparung gehen. Nur wenn sich jeder Einzelne seiner Verantwortung bewusst ist, kann die notwendige Reduzierung der klimarelevanten Treibhausgase erfolgreich sein.

Klimawandel

Seit den Anfängen der Industrialisierung vor ca. 250 Jahren hat der Mensch mit der Nutzung fossiler Energieträger die Konzentration der klimarelevanten Treibhausgase in der Erdatmosphäre stark erhöht und damit massiv zum globalen Klimawandel beigetragen. Bei einer Fortsetzung des aktuellen Trends wird für das Ende dieses Jahrhunderts eine durchschnittliche Temperaturerhöhung auf Grönland von ca. 5 °C prognostiziert (vgl. IPCC 2007 b, S. 15). Der kritische Schwellenwert von 3 °C würde überschritten, bei dem das Intergovernmental Panel on Climate Change (IPCC) von einem Abschmelzen der gesamten grönländischen Eismassen ausgeht (vgl. IPCC 2001, S. 17). Die Folge wäre ein weltweiter Anstieg des Meeresspiegels um ca. sieben Meter (IPCC 2001, S. 17).

Auch wenn der Meeresspiegelanstieg sich über Jahrhunderte vollziehen wird (IPCC 2002, S. 59), so handelt es sich um einen Prozess, der, einmal in Gang gesetzt, unumkehrbar ist. Jede in die Atmosphäre gebrachte Tonne Kohlendioxid trägt für die nächsten 1000 Jahre zur globalen Klimaerwärmung und dem Abschmelzen der Eismassen bei (IPCC 2007 a, S. 17).

Abbildung 1 zeigt, über wie lange Zeitspannen die heute verursachten Emissionen nachwirken. Der ungebremste Verbrauch fossiler Ressourcen wird uns selbst (die Hauptverursacher des Problems) nur in vergleichsweise geringem Umfang betreffen. Die Lasten tragen unsere Kinder und Enkelkinder.

Eisberge treiben im Scoresbysund seewärts. Sie entstehen ursprünglich im Inneren des grönländischen Inlandeises und erreichen über Gletscherströme das Meer. Jetzt befinden sie sich in ihrem letzten Stadium – sie schmelzen.

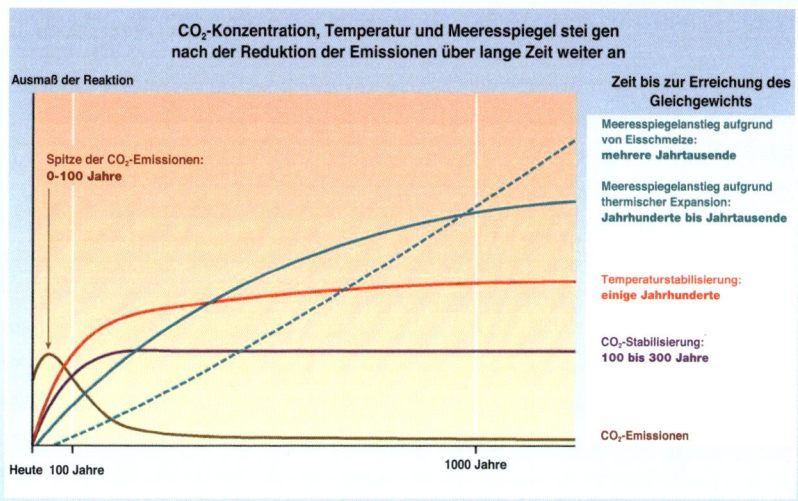

CO₂-Konzentration, Temperatur und Meeresspiegel stei gen nach der Reduktion der Emissionen über lange Zeit weiter an

Ausmaß der Reaktion

Spitze der CO₂-Emissionen:
0-100 Jahre

Zeit bis zur Erreichung des Gleichgewichts

Meeresspiegelanstieg aufgrund von Eisschmelze:
mehrere Jahrtausende

Meeresspiegelanstieg aufgrund thermischer Expansion:
Jahrhunderte bis Jahrtausende

Temperaturstabilisierung:
einige Jahrhunderte

CO₂-Stabilisierung:
100 bis 300 Jahre

CO₂-Emissionen

Heute 100 Jahre   1000 Jahre

Abb. 1: Zeitspannen zwischen den von uns verursachten Treibhausgasemissionen und den resultierenden Klimafolgen (IPCC 2002, S. 59).

Rechtzeitiges Handeln

Dieser große Abstand zwischen Ursache und Wirkung ist wohl der wahre Grund, weshalb trotz der vorliegenden eindeutigen wissenschaftlichen Erkenntnisse noch keine wirklich durchgreifenden Maßnahmen zur Eindämmung des Klimawandels ergriffen wurden: Das Prinzip von Versuch und Irrtum, das sowohl in der Evolution der Menschen als auch in der Entwicklung jedes Einzelnen die Grundlage des Lernens dargestellt hat, greift hier zu kurz, weil sich der »Schmerz« erst Jahrzehnte bis Jahrhunderte nach dem begangenen Fehler einstellt. Die Herausforderung, vor der die Menschheit steht, heißt also: Sind wir in der Lage, auf der Basis unserer intellektuellen Erkenntnis zu handeln, bevor es wehtut? Wir müssen offensichtlich den Beweis noch erbringen, dass wir uns zu Recht als Homo »sapiens« bezeichnen.

Zur Abwendung der drohenden Folgen sind schnelles Handeln und eine drastische Reduzierung der klimarelevanten Treibhausgasemissionen erforderlich. Nur wenn es gelingt, die CO_2-Konzentration in der Atmosphäre bei einem Wert von unter

Ein Eisberg treibt auf offener See. Einige der grönländischen Gletscher haben ihre Fließgeschwindigkeit verdoppelt und produzieren damit deutlich mehr Eisberge.

450 ppm zu stabilisieren, kann ein Anstieg der globalen Temperaturen um durchschnittlich über 2 °C vermieden werden (IPCC 2007 e, S. 76). Hierzu müssen die Industrienationen bis zum Jahr 2050 ihre Emissionen gegenüber dem Stand von 2000 um 80 bis 95 % senken (IPCC 2007 c, S. 776). Eines der größten Potenziale ist die Reduzierung der energiebedingten Emissionen. Sie verursachen allein in Deutschland 80 % der jährlich insgesamt freigesetzten 940 Millionen Tonnen $CO_{2\text{-eq}}$ [CO_2-Äquivalente; berücksichtigt die Wirkung aller Treibhausgase] (BMWi 2008 a).

Gemeinsam handeln

»Nations should put aside their unprofitable competition« – das sagte kein Klimaforscher, sondern Carl Weyprecht, als er Ende des 19. Jahrhunderts ein »Internationales Polarjahr« forderte (NOAA o. J.). Unter Zusammenarbeit von insgesamt 12 Nationen wurden 15 aufeinander abgestimmte Expeditionen zur Erforschung der polaren Welt geplant und erfolgreich durchgeführt. Sogar ein Jahrhundert später wird diese Kooperation in den Medien noch anerkennend kommentiert: »Nie zuvor war ein wissenschaftliches Projekt dieser Größenordnung auf internationaler Ebene umgesetzt worden« (SZ 2009, S. 33).

Im 19. Jahrhundert war die *Erforschung* der Pole ein Anreiz zur internationalen Kooperation. Heute sollte die *Bewahrung* der Polarregionen ein solcher Anreiz sein – vor allem wenn die Folgen eines möglichen Meeresspiegelanstieges berücksichtigt werden. Einzelstaatliche Maßnahmen können dieses globale Problem nicht lösen. Die Bildung des IPCC mit Vertretern aus 194 Ländern sowie die Klimarahmenkonvention der Vereinten Nationen von 1992 und ihre Nachfolgekonferenzen tragen diesem Umstand Rechnung. Die Abstimmung zwischen dieser großen Zahl an Entscheidungsträgern ist allerdings langwierig und mühsam, wie auch die Verhandlungen während des Kopenhagener Gipfels von 2009 zeigten. Wie bei jeder »Expedition« ist eine gründliche Planung wichtig – letztendlich sind es aber die Taten, an die man sich erinnert.

Immer unterwegs, um Veränderungen zu dokumentieren: die DAGMAR AAEN auf dem Weg nach Norden.

In der aktuellen Diskussion um die Verminderung des CO_2-Ausstoßes werden zumeist vier Optionen genannt. Diese sind:
- Kernenergie
- »Saubere« fossile Brennstoffnutzung (CCS)
- Regenerative Energiequellen
- Effizienzsteigerung und Einsparungen

Kernenergie

Die zumeist als »CO_2-neutral« bezeichnete Kernenergie stellt sowohl mittel- als auch langfristig keine sinnvolle Lösung der aktuellen Herausforderungen dar. Sie widerspricht den Grundkriterien der Nachhaltigkeit durch die Entstehung radioaktiver Abfälle, deren sichere Endlagerung eine ungeklärte Frage bleibt. Die Vorfälle in der Lagerstätte Asse II zeigten eindrucksvoll, dass nicht einmal eine Lagerung über einen Zeitraum von 40 Jahren erfolgreich durchgeführt werden konnte

Nicht allein um schmelzende Eisberge geht es, sondern infolge des Klimawandels steigt auch die Häufigkeit von schweren Sturmfluten signifikant an.

– notwendig wären aber mehrere 10 000 Jahre bis zum Abklingen der
Radioaktivität.

Neben den völlig ungeklärten Fragen einer sicheren Endlagerung der
entstehenden radioaktiven Abfälle stellen auch andere Bereiche des Umgangs mit radioaktivem Material kaum abschätzbare Risiken dar. Wir
tauschen nur das Klimaproblem durch die Gefahr von Großunfällen à
la Tschernobyl und die Gefahren der weltweiten Verbreitung von atom-
bombenfähigem Plutonium ein. Ohne einen massiven Einstieg in die Plu-
toniumwirtschaft reichen die Vorräte an spaltbarem Uran kaum länger
als unsere Erdölreserven. Einen nennenswerten Beitrag zur Lösung des
Klimaproblems und zur langfristigen klimaverträglichen Energieversorgung der Menschheit können wir von der Kernenergie nicht erwarten.

Carbon Capture and Storage (CCS)

Als Alternative zu den Kernkraftwerken hört man in letzter Zeit öfters den Begriff Carbon Capture and Storage (CCS). Gerade von den großen Energieversorgern wird dies als ein Weg der »sauberen« fossilen Brennstoffnutzung aufgezeigt. Die bei der Verbrennung der fossilen Energieträger entstehenden Emissionen sollen abgeschieden und unter der Erde eingespeichert werden, z. B. in erschöpften Erdgaslagerstätten oder tief liegenden salinen Aquiferen. Ein nennenswerter Einsatz wird frühes-

tens ab dem Jahre 2020 erwartet, und die Technologie wird bisher nur in Demonstrationsobjekten getestet (SRU 2009 a, S. 5).

Die Abscheidung von Kohlendioxid bringt diverse Nachteile mit sich. Beim heutigen Stand der Technik ist beim Einsatz von CCS mit einer Verminderung des Wirkungsgrades von 8 bis 15 % auszugehen (BMWi et al. 2007, S. 6). Um die gleiche Leistung zu erzielen, muss die Einsatzmenge an fossilen Ressourcen im Kraftwerk um ca. 12 bis 30 % erhöht werden (BMWi et al. 2007, S. 6). CCS ist somit zunächst einmal eine

Küstenschutz in der kanadischen Nordwestpassage.
Die steigenden Fluten und der tauende Permafrostboden
machen solche Maßnahmen neuerdings erforderlich.

Technologie, die aufgrund des schlechteren Wirkungsgrades zu einem schnelleren Verbrauch der fossilen Energieträger beiträgt und dementsprechend mehr Emissionen erzeugt. Diese gelangen jedoch nicht in die Erdatmosphäre, sondern werden unterirdisch gespeichert. Wie langfristig und sicher diese Speicherung geschehen kann, ist zurzeit unklar. Auch gibt es nur sehr grobe Schätzungen, wie groß das sichere Speichervolumen für CCS ist. CCS auf Basis fossiler Brennstoffe ist ein Versuch, die bestehenden fossilen Energiestrukturen zu bewahren, statt notwendige Neuerungen im Bereich der erneuerbaren Energieträger, der Energieeffizienz und Energiespeicherung voranzutreiben.

In Kombination mit Biomasse könnte CCS in Zukunft jedoch eine wichtige Rolle spielen. Um den durchschnittlichen, globalen Temperaturanstieg auf 2 °C zu limitieren, können laut IPCC ab der Mitte dieses Jahrhunderts sogar negative Emissionen erforderlich sein (IPCC 2007 d, S. 16). Das in der Atmosphäre befindliche CO_2 würde z. B. in nachhaltig angebauter Biomasse gespeichert und anschließend energetisch verwertet. Werden die Emissionen aus der Biomasse durch die CCS-Technologie

Die kleine Siedlung Ittoqqortoormiit an der grönländischen Ostküste. Auch hier klagen die Jäger über völlig veränderte Naturverhältnisse. Als wir dort 1997/98 überwintert haben, sprach dort noch kein Mensch über den Klimawandel.

abgeschieden und eingelagert, so lassen sich negative Emissionen errei-chen. Sollten die verfügbaren Speicherkapazitäten zu diesem Zeitpunkt schon durch Kohlendioxid aus fossilen Energieträgern gefüllt sein, so ist diese eventuell überlebenswichtige Option blockiert.

Grundsatzentscheidung beim Kraftwerkseinsatz

Atomkraftwerke und CCS-Technologie haben gemeinsam, dass sie oft als Übergangslösung oder Brückentechnologie bezeichnet werden. In einem Sondergutachten des Sachverständigenrates für Umweltfragen (SRU) wird davon ausgegangen, dass Deutschland vor einer Grundsatz-entscheidung bezüglich der Stromversorgung steht (SRU 2009 b, S. 12). Zur Deckung des Bedarfes werden Grund-, Mittel- und Spitzenlastkraft-werke eingesetzt. Atom- und Kohlekraftwerke zählen zu den Grundlast-

Man sollte sich hüten, durch einen solchen Torbogen hindurchzufahren. Eisberge sind meist instabil und können ganz unvermittelt einstürzen.

kraftwerken. Sie sind nur langsam regelbar und dienen der Deckung des täglichen Sockelbedarfs an Strom. Mittellastkraftwerke erzeugen Strom nach einem vorher festgelegten Fahrplan. Die Spitzenlast wird durch sehr schnell regelbare Kraftwerke, wie z.B. Gasturbinenkraftwerke, zum Ausgleich unvorhersehbarer Schwankungen im Strombedarf eingesetzt. Eine schematische Darstellung zeigt Abbildung 2. Im aktuellen System ist die Grundlast dominierend.

Sollten in Zukunft jedoch die erneuerbaren Energien einen größeren Anteil an der deutschen Stromversorgung ausmachen, so passen Grundlastkraftwerke nicht mehr ins System. Aufgrund ihrer langsamen Regelbarkeit können sie die variierende Stromeinspeisung durch erneuerbare Energien nicht sinnvoll ergänzen. Das Festhalten an Grundlastkraftwerken erschwert den Übergang zu einer nachhaltigeren Energieversorgung. Stattdessen werden Kraftwerke benötigt, die schnell an- und

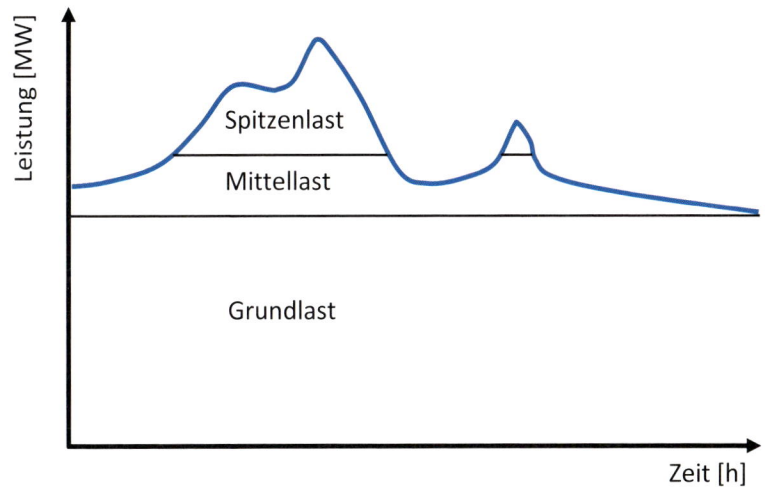

Abb. 2: Schematische Darstellung der Deckung der täglichen Stromnachfrage im derzeitigen Elektrizitätssystem (nach SRU 2009 b, S. 13).

heruntergefahren werden können, um kurzfristige Schwankungen auszugleichen. Diese sind z. B. Gasturbinen-, Blockheiz- und Pumpspeicherkraftwerke sowie Druckluftspeicher.

Wer zu Weihnachten 2009 die Strompreise an der Leipziger Börse verfolgte, konnte miterleben, mit welchen Herausforderungen das aktuelle System bereits jetzt zu kämpfen hat. Im Tagesmittel lag am zweiten Weihnachtstag der Strompreis am Spotmarkt bei minus 3,6 Cent je Kilowattstunde (EEX 2009). Neben einem hohen Angebot an Strom aus Windkraftanlagen lag die Ursache in den unflexiblen Grundlastkraftwerken, die es vorgezogen haben, Kunden für die Abnahme ihres überflüssigen Stroms zu bezahlen, anstatt ihre Kraftwerke während dieser Schwachlastzeiten abzuschalten. Sollten die großen Energieversorger beim angestrebten Ausbau der erneuerbaren Energien weiterhin auf Grundlastkraftwerke setzen – mit oder ohne CCS –, so werden negative

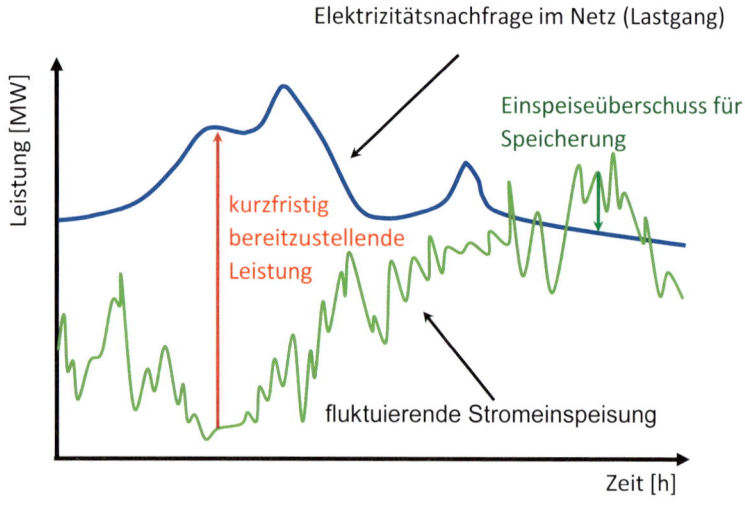

Abb. 3: Schematische Darstellung der Deckung der täglichen Stromnachfrage in einem Elektrizitätssystem mit einem hohen Anteil von Windenergie
(nach SRU 2009 b, S. 14).

Preise an der Strombörse in Zukunft immer wahrscheinlicher. Die Nutzung von Kernenergie und die »saubere« fossile Brennstoffnutzung
(CCS) sind keine Lösung für die nachhaltige Reduzierung der klimarelevanten Treibhausgasemissionen. Eine Schlüsselrolle spielen der effi-
ziente Umgang mit Energie und die konsequente Nutzung erneuerbarer
Energien.

Regenerative Energiequellen

In einer Studie der Forschungsanstalt für Luft- und Raumfahrt (DLR)
zur Entwicklung des Energieverbrauches und der -erzeugung, die von
Greenpeace veröffentlicht wurde, wird davon ausgegangen, dass bis
zum Jahre 2050 die Hälfte des globalen Energiebedarfs durch erneuerbare Energien gedeckt wird (Greenpeace 2007, S. 4). Bei der Betrach-

Das grönländische Inlandeis entleert sich über gewaltige Gletscherströme, deren Abbruchkanten direkt am Meer enden. Dort kalben sie und treiben als Eisberge in die offene See hinaus.

tung der weltweiten Potenziale der erneuerbaren Energien (siehe Abbildung 4) wäre eine 100-%-Versorgung aus erneuerbaren Energien ein durchaus realistisches Ziel. Allein die auf die Erde eingestrahlte Sonnenenergie übertrifft die von uns jährlich benötigte Energiemenge um das Zehntausendfache. Neben den in Abbildung 4 gezeigten Potenzialen zählt auch die Geothermie zu den regenerativen Energiequellen. Im Gegensatz zu den erschöpfbaren, fossilen Energien wie Kohle und Erdöl stehen diese dem Menschen für weitere ca. 5 Milliarden Jahre zur Verfügung und können ohne schädlichen Einfluss auf das Weltklima genutzt werden.

Abgesehen von der Windenergie, die in Deutschland bis zu 80 % des Strombedarfs decken kann (über 400 TWh/a) sind die Potenziale in Deutschland für erneuerbare Energien eher begrenzt. Dennoch ist nach Berechnungen des Sachverständigenrates für Umweltfragen auch innerhalb Deutschlands eine 100%ige Deckung des Strombedarfs aus regenerativen Energiequellen möglich (SRU 2009 b, S. 8), auch wenn eine solch isolierte Versorgung relativ teuer wäre. Eine Möglichkeit der Nutzung der globalen Sonneneinstrahlung erlangte in letzter Zeit vor allem durch die DESERTEC-Foundation größere Bekanntheit. Durch die Installation von solarthermischen Kraftwerken in den Wüstenregionen Nordafrikas soll CO_2-neutral Strom erzeugt werden. Eine Fläche von 40 Mio. km² würde ausreichen, um den globalen Strombedarf zu decken (Desertec 2009, S. 6). Pro Erdenbürger wären dies ca. 20 m².

Der »Wüstenstrom« müsste über Hochspannungs-Gleichstrom-Übertragungsleitungen (HGÜ) nach Deutschland geleitet werden. Mit einem Verlust von ca. 3 % pro 1000 km läge der gesamte Übertragungs-

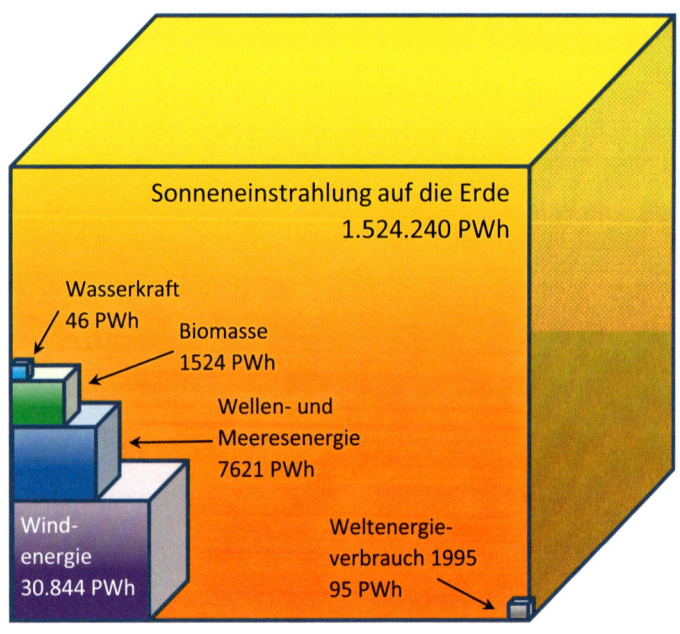

Abb. 4: Potenziale der erneuerbaren Energieversorgung (nach BWE 2004)

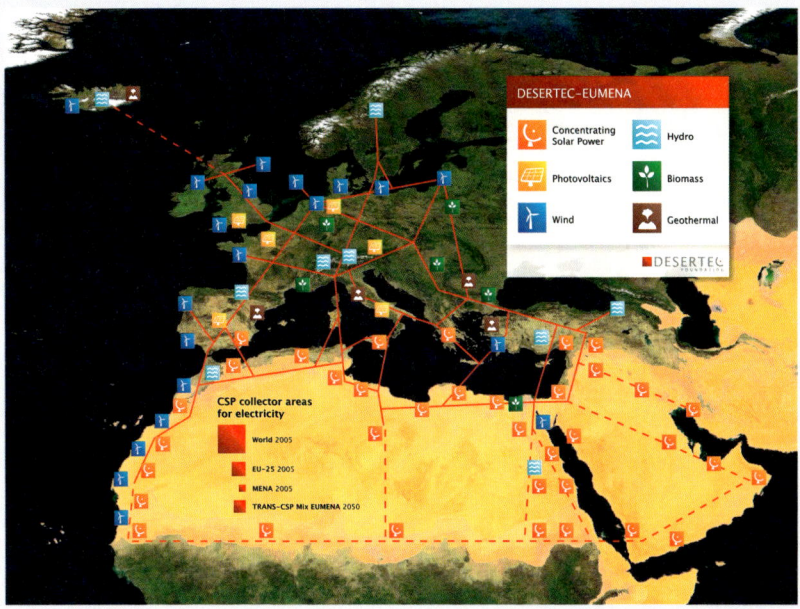

Unterschiedliche regenerative Energiequellen werden durch ein intelligentes Leitersystem miteinander verbunden und können sich so gegenseitig ergänzen bzw. Stromschwankungen kompensieren.

verlust in einer akzeptablen Größenordnung von 10 bis 15 % (Desertec 2009, S. 7).

Ein weiterer wichtiger Baustein für einen höheren nutzbaren Anteil erneuerbarer Energien ist der verstärkte Einsatz von Wasserkraftwerken als Pufferspeicher. Wie in Abbildung 3 gezeigt, müssen Überschüsse bei der Stromerzeugung aus erneuerbaren Energien zeitweise gespeichert werden. Strom ist jedoch bekanntlich nicht direkt speicherbar, sondern muss stets in eine andere Energieform überführt werden. Eine Möglichkeit ist die Nutzung potenzieller Energie, wie es bei Pumpspeicherkraftwerken geschieht. Durch den Einsatz von Strom wird Wasser in einen höher gelegenen See gepumpt. Ist kurzfristig Leistung bereitzustellen, wird das Wasser über eine Turbine zurück in das Tal geleitet. Über einen angeschlossenen Generator wird Strom erzeugt. Für das europäische

Energiesystem bietet es sich an, die z.B. in Norwegen bereits vorhandenen Staudämme und Pumpspeicherkraftwerke für den ganzen Kontinent nutzbar zu machen, indem entsprechende neue Übertragungskapazitäten geschaffen werden.

Effizienzsteigerung und Einsparungen

Neben dem verstärkten Einsatz von erneuerbaren Energien ist das zweite Standbein für die Reduzierung der klimarelevanten Treibhausgasemissionen die Steigerung der Energieeffizienz und die Senkung des Energieverbrauches. Dieses soll an Beispielen für die privaten Haushalte erläutert werden.

Der Löwenanteil des Energiebedarfs eines Haushaltes entfällt auf die Wärmebereitstellung: Im Jahre 2007 wurden 71 % des Energiebedarfs im Haushaltssektor für Raumwärme, 12 % für Warmwasser und 5 % für sonstige Prozesswärme aufgewendet (BMWi 2008 b). Nur 2 % des Endenergieverbrauchs im Haushaltssektor entfallen auf die Beleuchtung. Knapp 10 % werden für mechanische Energie benötigt.

Der Reduzierung des Bedarfs an Niedertemperaturwärme kommt somit bei der Vermeidung von CO_2 eine wichtige Bedeutung zu. In Deutschland wird sektorübergreifend durch das Beheizen von Gebäuden rund ein Drittel der CO_2-Emissionen verursacht (vgl. VWEW 2008, S. 2/3). Das Einsparpotenzial in diesem Bereich ist hoch und mit heutigen technischen Mitteln umsetzbar. So liegt der Heizwärmebedarf von Niedrigenergiehäusern bei unter 60 kWh/m² im Jahr. Dies entspricht weniger als einem Viertel des Heizwärmebedarfs eines durchschnittlichen Einfamilienhauses aus dem heutigen Gebäudebestand. Der Passivhausstandard reduziert selbst diesen Wert nochmals auf einen Bruchteil – das Gleiche gilt für die entsprechenden CO_2-Emissionen.

Neben dem Neubau, der die jeweils aktuelle Energieeinsparverordnung (EnEV) einhalten muss, spielt die energetische Sanierung eine große Rolle. So hat auch die viel beachtete McKinsey-Studie für den Gebäudesektor in diesem Bereich das größte Potenzial zur Vermeidung von CO_2-Emissionen ermittelt. Würde z. B. die Sanierungsrate der vor 1979 errichteten unsanierten Wohngebäude bis zum Jahr 2020 von 0,75 auf 3 % p. a. erhöht, können 20 Mio. t CO_2 jährlich eingespart werden (McKinsey 2007, S. 37–40). Aber auch ohne energetische Sanierung kann durch kleine Maßnahmen der Energieverbrauch reduziert werden. So erbringt das Absenken der mittleren Raumtemperatur um ein Grad Celsius eine Energieeinsparung von ca. 6 % (vgl. Tomm 2000, S. 114).

Dem hohen Einsparpotenzial bei Gebäuden steht ein relativ langer Sanierungszyklus von ca. 35 Jahren gegenüber. Dagegen weisen Haushaltsgeräte oft deutlich kürzere Erneuerungsraten auf. Beim Ersatz der Altgeräte lohnt sich der Blick auf die Energieeffizienzklassen – angesichts steigender Energiepreise sowohl aus ökologischer als auch aus finanzieller Sicht. Der Wandel hin zu effizienteren Geräten kann sich zwar insgesamt auch recht langsam vollziehen, da die »Flotte« nur nach und nach erneuert wird; doch ist das Einsparpotenzial in diesem Bereich sehr hoch. So geht die EU davon aus, mit ihrer Ökodesign-Richtlinie bis 2020 bis zu 315 TWh Strom pro Jahr einzusparen (EU 2009); diese Einsparung erspart den Bau von mehr als 50 Großkraftwerken und entspricht, je nach angesetztem Emissionsfaktor, einer Einsparung von etwa 189 Mio. t CO_2 pro Jahr. Trotzdem wird die Energieeffizienz im öffentlichen Bewusstsein immer noch stiefmütterlich behandelt. Wohl deshalb, weil sie sich nicht so schön abbilden lässt wie ein Windpark. Deshalb kann man sich das Potenzial der Energieeffizienz gar nicht oft genug vor Augen führen. Nur so wird einem der eigene Beitrag im richtigen Moment bewusst – dem Moment der Kaufentscheidung.

Durch die Tendenz zu immer höherer Mobilität steht mittlerweile der Verkehr an der Spitze der energieverbrauchenden Sektoren. Im Jahre 2006 lag der durchschnittliche Energieverbrauch eines Diesel-Pkws bei 6,8 Litern, der eines Pkws mit Otto-Motor bei 8,2 Litern (Destatis 2008, S. 1112). Bereits im Jahre 2002 zeigte der VW-Aufsichtsrat Ferdinand Piëch durch eine Fahrt von Wolfsburg nach Hamburg mit der Konzeptstudie »1L«, dass ein Verbrauch von unter einem Liter Diesel je 100 km möglich ist. Leichtbauweise, eine windschnittige Karosserie, ein sparsamer Motor und die Rückgewinnung von Bremsenergie ermöglichten dieses Ergebnis. Leider zeigte sich aber auch am Beispiel des Lupo 3L TDI, dass die Nachfrage nach spritsparenden Automobilen trotz steigender Kraftstoffpreise noch nicht gegeben ist. Die Produktion wurde nach sechs Jahren und gerade einmal 30 000 verkauften Exemplaren

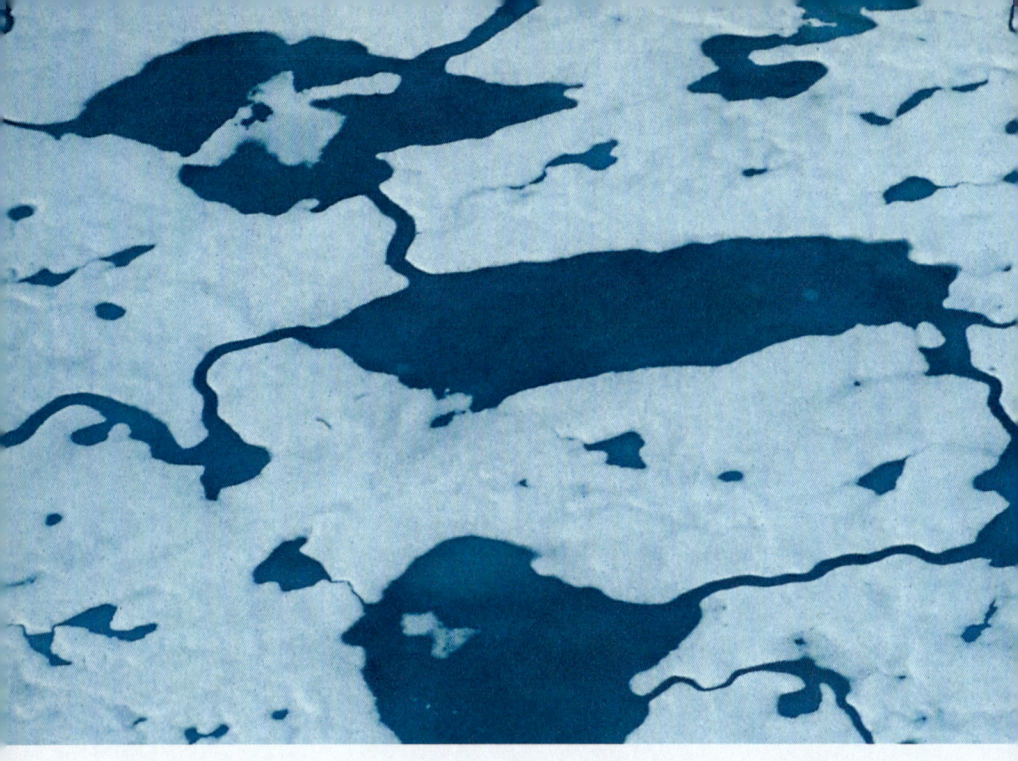

eingestellt. Hier ist ein Umdenken in der Bevölkerung notwendig. Der Trend muss von immer aufwendiger ausgestatteten und leistungsstärkeren Wagen hin zu verbrauchsarmen Alternativen gehen, wenn wir das Klimaproblem lösen wollen.

Der Bereich mit dem stärksten Wachstum im Verkehrssektor ist der Flugverkehr. Neben dem Auto spielt dieser eine zunehmend wichtigere Rolle. Seit 1990 hat sich die Anzahl der Flug-Passagiere in Deutschland auf seinen heutigen Wert von über 70 Millionen nahezu verdreifacht (Destatis 2009). Trotz stetiger Verbesserungen im Flugzeugbau und der Senkung des Kerosinbedarfs emittieren Flugzeuge im Vergleich zum motorisierten Individual- und dem öffentlichen Personenverkehr spezifisch deutlich mehr CO_2 pro zurückgelegtem (Personen-)Kilometer. So verursacht eine Flugreise in die Karibik über sechs Tonnen CO_2 pro Person (UBA 2007, S. 7). Das ist bereits mehr als drei Viertel der 8,4 Tonnen CO_2 (Stand: 2007), die ein Europäer durchschnittlich im Jahr emittiert. Die Verbindung von Energieeffizienz und regenerativer Energieerzeugung ermöglicht es uns, das Klimaproblem weitestgehend zu lösen. Auf Dauer muss unsere Energienutzung nicht eine Tonne CO_2 emittieren.

Schmelzwassertümpel auf dem Meereis. Die dunklen Flächen absorbieren die Sonnenenergie – dort schmilzt das Eis zuerst.

Ausblick

Der erste Schritt hin zum klimaverträglichen Handeln besteht darin, ein Gefühl für diese Größenordnungen zu entwickeln. Online verfügbare CO_2 Rechner für jedermann sind dafür sehr nützlich. Beim Ausrechnen der selbst verursachten CO_2-Emissionen wird deutlich, welche Verhaltensweisen CO_2-intensiv sind. Jeder muss für sich selbst herausfinden, welche davon für einen persönlich leicht änderbar sind.

Um die langfristigen Emissionsziele einzuhalten und die drohende Klimakatastrophe abzuwenden, muss das CO_2-Budget pro Person auf ein bis zwei Tonnen pro Jahr gesenkt werden. Allein durch technischen Fortschritt ist dies nicht zu realisieren. Es ist ein generelles Umdenken erforderlich, und jeder Bürger muss sich seiner Verantwortung und den Auswirkungen seines Handelns bewusst sein.

DIE AUTOREN

Prof. Dr. Olav Hohmeyer studierte am Tougaloo College, Mississippi, und der Universität Bremen Wirtschaftswissenschaften und Informatik, er promovierte 1989 über die sozialen Kosten des Energieverbrauchs. Unter anderem arbeitete er als Abteilungsleiter am Fraunhofer-Institut für Systemtechnik und Innovationsforschung in Karlsruhe und als Forschungsbereichsleiter am Zentrum für Europäische Wirtschaftsforschung in Mannheim. Seit 1998 hat er die Professur für Energie- und Ressourcenwirtschaft an der Universität Flensburg inne und leitet den Studiengang Energie- und Umweltmanagement.

Olav Hohmeyer ist seit 1996 Leitautor verschiedener Berichte des IPCC (Intergovernmental Panel on Climate Change oder UN-Klimarat), das 2007 gemeinsam mit Al Gore für seine Arbeit mit dem Nobelpreis ausgezeichnet wurde. Von 2002 bis 2008 war er als Vice-Chair der Arbeitsgruppe III (Vermeidung des Klimawandels) an der Koordination des Vierten Sachstandsberichts des IPCC beteiligt. Seit Juli 2008 ist er Mitglied des Sachverständigenrates für Umweltfragen.

Dipl.-Wi.-Ing. Helge Maas studierte von 2004 bis 2009 Energie- und Umweltmanagement an der Universität Flensburg. In seiner Diplomarbeit arbeitete er an einem Energieversorgungskonzept für verschiedene Energieverbraucher und -produzenten unter Einbeziehung von Kraft-Wärme-Kälte-Kopplung.

Seit 2009 ist Helge Maas als wissenschaftlicher Mitarbeiter an der Professur für Energie- und Ressourcenwirtschaft an der Universität Flensburg tätig und arbeitet an der Entwicklung eines integrierten Klimaschutzkonzeptes für die Stadt Flensburg mit dem Ziel der CO_2-Neutralität. Er promoviert im Bereich städtischer Klimaschutzkonzepte.

 **Dipl.-Wi.-Ing. Emöke Kovač** studierte von 2001 bis 2006 Energie- und Umweltmanagement an der Universität Flensburg. Von 2005 bis 2009 arbeitete sie als Projektingenieurin bei der Firma KWKon Kraft-Wärme-Konzepte GmbH in Flensburg in der Projektierung, dem Bau und Betrieb von Pflanzenöl-BHKWs und Photovoltaik-Anlagen.

Seit 2009 ist Emöke Kovač wissenschaftliche Mitarbeiterin an der Professur für Energie- und Ressourcenwirtschaft an der Universität Flensburg. Sie promoviert im Bereich regionaler Klimaschutzkonzepte.

Jugendliche aus verschiedenen Ländern nehmen an dem von uns jährlich initiierten Projekt Ice-Climate-Education teil. Die Erde in der Balance zu halten, das sollte und muss unser aller Interesse sein.

Was können wir tun?

Unmittelbar vor dem Beginn der UN-Klimakonferenz von Kopenhagen im Dezember 2009 machte der Inselstaat der Malediven Schlagzeilen: Das Parlament des vom steigenden Meeresspiegel bedrohten Touristenparadieses tauchte medienwirksam ab. Das ist wörtlich zu nehmen. Versehen mit Tauchausrüstung stiegen die Parlamentarier ins tropisch warme Wasser und hielten wenige Meter unter der Meeresoberfläche von Kameras begleitet eine Parlamentssitzung ab. Die Bilder beherrschten die Schlagzeilen aller Nachrichtenagenturen.

Die Botschaft war klar: Uns steht das Wasser bis zum Hals, jeder weitere Anstieg des Meeresspiegels bedroht unsere Existenz. Es ist vermutlich nur eine Frage der Zeit, wann diese bei Tauchtouristen so beliebte Inselgruppe unbewohnbar werden wird. Die Touristen mögen das beklagen und sich anderen Orten zuwenden – die Malediver haben diese Option nicht. Ihnen schwemmt es buchstäblich die Existenz unter den Füßen fort. Durch den steigenden Ozean werden nicht nur die Inseln überflutet, schon vorher wird vermutlich das Grundwasser versalzen und damit die Inseln unbewohnbar werden. Wenn wir auf internationalen Konferenzen lapidar darüber debattieren, ob die Industriestaaten und Schwellenländer bereit sind, ihre Treibhausgasemissionen so weit zu drosseln, dass wir eine Klimaerwärmung von 2 °C als Obergrenze festschreiben können, tröstet das die Malediver

Auch wenn es eisig kalt sein kann – es täuscht nicht darüber hinweg, dass sich die Arktis in den letzten Jahrzehnten doppelt so stark erwärmt hat wie der Rest der Welt.

vermutlich nur wenig. Bereits dieser Wert wird für sie sowie einige andere Inselstaaten zu hoch liegen. Die Malediven haben sich dem »Bündnis kleiner Inselstaaten« (Alliance of Small Island States, AOSIS) angeschlossen. Das Bündnis aus 43 Staaten repräsentiert ca. 5 % der Weltbevölkerung, aber immerhin 20 % aller Mitglieder der Vereinten Nationen.

Die Regierung der Malediven hat als eine der ersten auf den zu erwartenden Verlust der Inselgruppe reagiert: Man plant bereits den Kauf einer neuen Heimat, in die die Bevölkerung zur gegebenen Zeit umsiedeln kann. Eine Nation versinkt im Meer und sucht ein Ausweichquartier. Die Malediven mögen so solvent sein, neues Land zu akquirieren – was aber machen Menschen, was machen Nationen, die nicht über die finanziellen Möglichkeiten des Inselstaates verfügen? Sie werden zu Klimaflüchtlingen.

Das Zünglein an der Waage den Anstieg des Meerwasserspiegels betreffend wird das grönländische Inlandeis sein. Das Problem besteht darin, dass offenbar keiner genau vorhersagen kann, wie schnell das Inlandeis auf den Klimawandel reagieren wird. Dass es bereits reagiert, ist unstrittig. Aber in welchem Tempo und in welchen Mengen es zukünftig abschmelzen wird, ist ungewiss. Das ist auch der Grund, warum Grönland im letzten IPCC-Report weitgehend keine Berücksichtigung fand – die Wissenschaftler konnten sich nicht auf eine schlüssige Prognose einigen. Es gibt aber nicht wenige unter ihnen, die die Entwicklung mit großer Sorge betrachten. Das vollständige Schmelzen des grönländischen Inlandeises würde den Weltmeeresspiegel um sieben Meter ansteigen lassen. Schon lange vor diesem Pegelstand hätten die pazifischen Inselstaaten, aber auch andere Küstenanrainer, längst »Land unter« gemeldet. Wie und ob das antarktische Eisschild – was häufig schlicht und vereinfacht als der »Südpol« bezeichnet wird – zeitnah auf den Klimawandel reagiert, ist derzeit unsicher und findet deshalb ebenfalls in den meisten Zukunftsszenarien gar keine Berücksichtigung. Fakt ist aber auch, dass sich das Meer im Bereich der antarktischen Halbinsel bereits erwärmt hat und sich einige der Schelfeise in Auflösung befinden.

Aber wir brauchen gar nicht so weit in die Ferne zu schweifen. Auch in Deutschland wird bereits auf den Klimawandel reagiert. Als erste Bundesländer haben Bremen und Niedersachsen ein Küstenschutzprogramm aufgelegt. 170 Kilometer Deichlinie sollen um einen Meter erhöht werden. Laut »Financial Times« wird das rund 620 Millionen Euro kosten. Und das ist erst der Anfang. Laut OECD (Organisation für wirtschaftliche Entwicklung und Zusammenarbeit) »helfen Umweltinnovationen und der breite Einsatz von effizienten Technologien nicht nur der Umwelt, sondern erhöhen auch die Wettbewerbsfähigkeit der Unternehmen und der betroffenen Länder.« Daneben mahnt die OECD weitere Umweltschwerpunkte an: »Den Erhalt der biologischen Vielfalt, den schonenden Umgang mit den Wasserressourcen sowie die Vermeidung von Luftverschmutzung.« Alles Dinge, die in unserem ureigensten Interesse liegen sollten, denen wir aber nur mit verhaltenem Enthusiasmus begegnen.

Aber es wäre zu einfach, nur die Regierungen dieser Welt oder die Energiewirtschaft für das Problem verantwortlich zu machen. Wir müssen uns alle selbst an die Nase fassen. Jeder Einzelne von uns kann und muss einen Beitrag leisten. Den warnenden Zeigefinger zu heben und lautstark gegen den Klimawandel zu protestieren, ohne selbst aktiv Maßnahmen in seinem eigenen Umfeld zu ergreifen, ist wenig überzeugend. Diesem Vorwurf muss ich mich selbst auch stellen. Mein persönlicher CO_2-Fußabdruck liegt vermutlich deutlich über dem vieler Mitbürger. Mein Beruf bringt es mit sich, dass ich sehr mobil sein muss. Das beinhaltet sowohl das Flugzeug als auch den Pkw – es geht nicht anders. Einen Teil des Jahres emittiere ich dagegen sehr wenig – eben dann, wenn ich mich mit meinem Segelschiff auf Expedition befinde oder aber mit dem Hundeschlitten eine der Eiswüsten bereise. Den Rest des Jahres, den ich meiner Arbeit in Deutschland nachgehe, produziere ich dafür umso mehr. Und ich habe derzeit auch keine Idee, wie ich es grundlegend ändern könnte. Zur Ausübung meines Berufes benötige ich z.B. einen größeren Pkw, in dem ständig technische Ausrüstung von einem Ort zum anderen transportiert wird. Ich habe ein Dieselfahrzeug gewählt, das 166 Gramm CO_2 pro gefahrenen Kilometer ausstößt. Das ist günstiger als ein vergleichbares Fahrzeug mit Benzinmotor. Trotzdem ist mir das viel zu viel. Es gibt aber auf dem Markt kein Fahrzeug, das meinen Anforderungen entspricht und trotzdem weniger emittiert. Das ist das Dilemma!

Meine Frau und ich sind Besitzer eines alten Hauses, Baujahr 1938. Das Haus ist dreigeschossig und war energetisch nach heutigen Maßstäben völlig unzureichend ausgestattet. Seit einigen Jahren sind wird intensiv dabei, das Haus zu sanieren. Da meine Frau Architektin ist, verfügen wir im Gegensatz zu vielen anderen Bauherren, die sich erst an einen Fachmann wenden müssen, über das erforderliche Know-how. Im Zuge der Sanierung sind überall neue Fenster eingebaut worden, es wurde eine sogenannte Einblasdämmung als Isolierung des Mauerwerks eingebracht, als Nächstes steht eine komplette Dacherneuerung inklusive Isolierung an, danach folgt eine neue, moderne Heizungsanlage. Das geht alles nur Schritt für Schritt, da für die einzelnen Baumaßnahmen natürlich auch immer das nötige Kleingeld vorhanden sein muss. Beide Beispiele zeigen ein wenig das Dilemma auf, in dem wir stecken: Teilweise hält die Industrie noch nicht die geeigneten Alternativen vor – gerade die Autoindustrie hat viel zu lange auf

Warten aufs Eis. Die DAGMAR AAEN am Überwinterungsplatz in Grönland im Oktober 2009. Der gesamte Winter fällt unverhältnismäßig mild aus. Selbst Ende Februar 2010 gibt es noch offenes Wasser.

große, schwere, stark motorisierte Fahrzeuge gesetzt, anstatt rechtzeitig an neuen und pfiffigen technischen Lösungen zu arbeiten. Auf der anderen Seite fehlt es häufig am nötigen Kleingeld – trotz günstiger Kredite.

Aber viel zu häufig sind wir wohl einfach noch zu zögerlich, was die Akzeptanz von technischen Neuerungen angeht. Bestes Beispiel dafür ist die Glühlampe. Die neue Generation der Energiesparlampen ist teurer als die mit dem altehrwürdigen Wolframfaden. Sie halten dafür aber viel länger und amortisieren sich dadurch. Außerdem brauchen sie weniger Strom. Die technische Entwicklung der neuen Lampengenerationen schreitet rasant voran. Auch äußerlich sind sie kaum noch von den alten zu unterscheiden. Trotzdem beobachte ich beim Einkaufen, dass viele Leute Hamsterkäufe bei den alten Glühlampen tätigen. So richtig anfreunden mag man sich mit den »neuen Dingern« nicht – noch nicht. Hier ist sicher noch einiges an Aufklärungsarbeit zu leisten.

Die Stand-by-Schaltung am Fernseher ausschalten, lieber zu Fuß gehen oder mit dem Fahrrad zur Arbeit fahren, Lebensmittel aus der Region kaufen, weniger in den Urlaub fliegen oder stromsparende Waschmaschinen kaufen – es gibt viele Möglichkeiten für uns, Energie einzusparen. Wie so häufig ist die breite Masse für den Erfolg entscheidend. Je mehr Bürger mitmachen, desto höher der Wirkungsgrad. Viele Menschen machen das auch bereits, aber trotzdem wirken diese Maßnahmen irgendwie rührend, wenn man das gesamte erforderliche Einsparvolumen betrachtet. Es geht eben nur Hand in Hand – wir Verbraucher müssen die Hersteller durch unser Kaufverhalten zwingen, die erforderlichen Produkte auf den Markt zu bringen – und wir müssen sie dann auch konsequent nutzen! Die Politik, die Technologiekonzerne und die Energiewirtschaft müssen auf anderer Ebene das Ihre dazu beitragen. Nur so gelangen wir zu den angestrebten Reduktionszielen bei Treibhausgasen.

Gleichzeitig muss die Problematik vor allem jungen Menschen nahe gebracht werden. Klima- und Umweltschutz beginnt zu Hause und muss dort sowie thematisch bereits im Kindergarten und an den Schulen deutlich intensiviert werden. Wir müssen junge Menschen für das Thema sensibilisieren. Dazu bedarf es keiner Politik oder Konzerne – da ist jeder Einzelne gefordert.

Die Jugendlichen des I.C.E.-Camps während eines Vortrages an der Universität von Spitzbergen.

Ich habe mir vor einigen Jahren zusammen mit Freunden überlegt, was wir diesbezüglich bewirken können. Wir haben in der Vergangenheit bereits häufiger Jugendprojekte durchgeführt. Meistens standen sie unter dem Motto des internationalen Jugendaustausches. Es ging dabei um Sport und Kultur, die Inhalte variierten. Besonders mit Russland haben wir in den 1990er-Jahren entsprechende Projekte durchgeführt, es gab aber auch welche auf Island und natürlich bei uns in Deutschland. 2006 haben wir diese Initiative neu belebt. Das Projekt »Ice-Climate-Education«, kurz »I.C.E.« war geboren. Anlässlich des »Internationalen Polaren Jahres« haben wir auf Spitzbergen ein Camp veranstaltet, an dem 14 Jugendliche aus zehn verschiedenen Staaten für rund zwei Wochen zusammen gelebt und gelernt sowie Erfahrungen gesammelt haben. Die Jugendlichen mussten sich über einen »Klimawettbewerb« qualifizieren, was zugleich für uns der Garant dafür war, dass sich die jungen Menschen bereits inhaltlich mit dem Thema

Nach dem täglichen Vorlesungsbetrieb geht es hinaus in die Natur, um das Gelernte in der Praxis zu vertiefen. Es geht uns darum, die Natur im wahrsten Sinne des Wortes zu begreifen.

beschäftigt hatten. Das Alter der Teilnehmer lag zwischen 16 und 19 Jahre. Auf dem Programm standen Vorlesungen von Wissenschaftlern, gleichzeitig aber auch ausgedehnte Exkursionen in die Umgebung. Um die Kombination aus Theorie und Praxis geht es uns bei dem Projekt. Natur »begreifen« – im wahrsten Sinne des Wortes. Es ist nicht das Gleiche, ob man einen Vortrag zu dem Thema in irgendeinem Schulraum hält und anschließend die Jugendlichen sich selbst überlässt, oder ob man anschließend in die Natur geht und das Gelernte hautnah erlebt. Einen Gletscher theoretisch zu erklären ist das eine, wenn man aber die Möglichkeit hat, anschließend auf einem Gletscher zu stehen, ihn anzufassen, ihn sinnlich zu erfassen, hat das eine ganz andere Wirkung. Außerdem ist die Interaktion der Jugendlichen untereinander entscheidend. Für uns Betreuer war es durchaus

sehr lehrreich beispielsweise einem Erfahrungsaustausch zwischen Grönländern und Jugendlichen aus Namibia beizuwohnen. Welche Auswirkung
hat der Klimawandel auf Grönland und welche – wenn überhaupt – auf Namibia? Oder wie stehen chinesische Schüler dem Problem gegenüber, wie
ein junger Kolumbianer, wie ein Mädchen aus Nicaragua? Klimawandel ist
ein grenzübergreifendes Problem, deshalb die Internationalität. Es bewirkt
sehr viel bei den jungen Leuten. Die Rückmeldungen der Teilnehmer geben
uns in dieser Annahme recht.

Das rechtfertigt unserer Meinung nach auch die weite Anreise der einzelnen Teilnehmer und die damit verbundenen Emissionen. In diesem Fall
heiligt das Mittel den Zweck.

Die Betreuer machen das ehrenamtlich, die teilweise erheblichen Kosten werden von Jack Wolfskin und der Stiftung World in Balance getragen.
Seit dem Spitzbergen-Camp 2007 hat es jedes folgende Jahr ein weiteres

**Unter Anleitung von Biologen erfahren die Jugendlichen mehr über die arkti-
sche Flora und Fauna.**

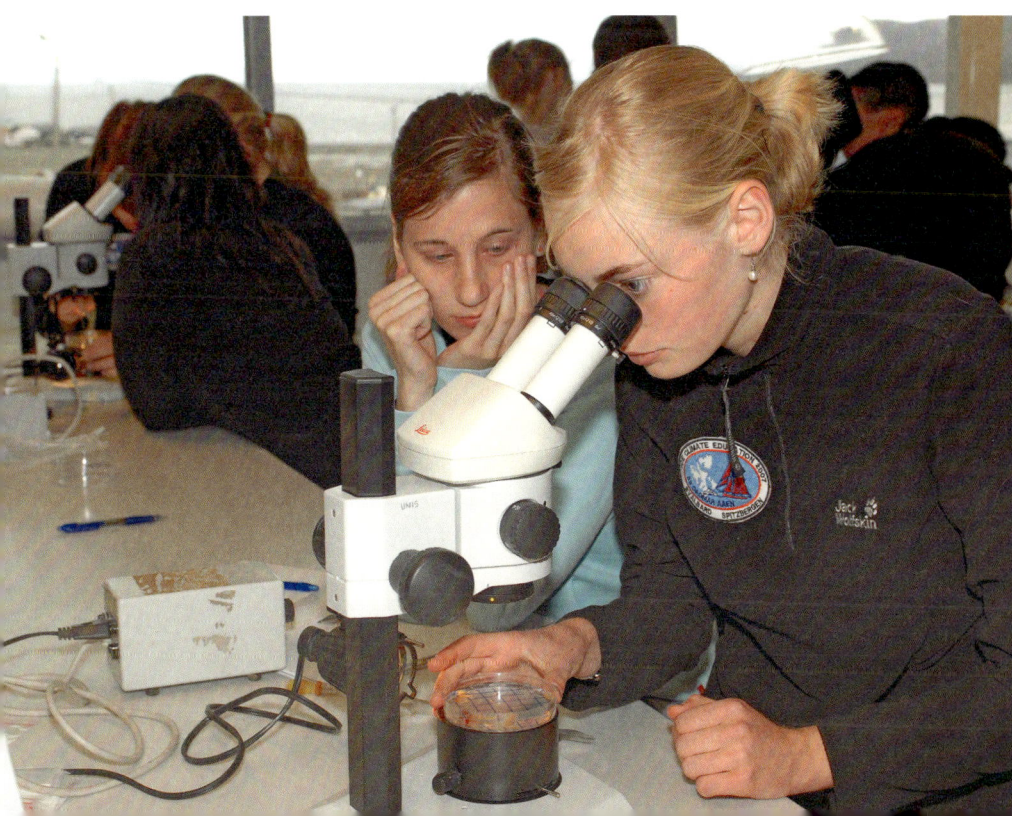

I.C.E.-Camp gegeben, in den letzten Jahren fand es in der kleinen Ortschaft Húsavík im Norden Islands statt. Auch im Sommer 2010 wird es ein weiteres Camp geben.

Warum machen wir das? Es geht weder uns noch den Sponsoren – die übrigens das Projekt bisher ohne begleitende Werbemaßnahmen unterstützt haben – darum, als »Gutmenschen« dazustehen. Diese Arbeit ist außerdem für die Medien nicht spektakulär genug, die Arbeit findet meist im Stillen statt. Alle Beteiligten sind auch nicht so vermessen zu glauben, damit das Problem des Klimawandels aus der Welt zu schaffen. Aber es ist das, was wir zu leisten vermögen!

Und genau darum geht es doch: Jeder sollte im Rahmen seiner Möglichkeiten Verantwortung übernehmen. Wir tun das auf unsere Art, aber die Möglichkeiten, aktiv zu werden, sind vielfältig. Es gibt im Übrigen auch andere Institutionen und Stiftungen, wie etwa die Umweltstiftung der Allianz, die engagierte Umweltprojekte an Schulen mit einem Preis auszeichnet, oder auch die Stiftung »Lebendige Stadt«, die pfiffige und innovative auf den Lebensraum Stadt bezogene Projekte fördert. Die Jugendlichen von heute sind die Entscheidungsträger von morgen. Es geht um ihre Zukunft, deshalb müssen wir sie rechtzeitig in die Problematik mit einbeziehen.

Daneben sollte unser Interesse darin bestehen, den Entwicklungsländern eine Zukunftsperspektive zu ermöglichen. Während bei etwa 20 % der Weltbevölkerung der Geburtenrückgang und die Überalterung der Gesellschaft beklagt wird, geht es bei den verbleibenden 80 % darum, weniger Kinder zu bekommen. Im Jahre 2050 wird die Erdbevölkerung etwa 8,5 Milliarden Menschen betragen – derzeit sind es ca. 6,7 Milliarden. Die Frage nach einer gerechten Verteilung der Ressourcen wird sich also immer dringlicher stellen. Man löst das Problem auch nicht damit, dass man die Entwicklungsländer auffordert, endlich ihr Bevölkerungsproblem in den Griff zu bekommen. Die Industrienationen müssen sich vielmehr fragen lassen, ob mit der Rohstoffverschwendung im gleichen Maße wie bisher fortgefahren werden kann. In den reichen Ländern wendet man heute mehr Geld für Diäten übergewichtiger Personen auf, als erforderlich wäre, Menschen in unterentwickelten Ländern satt zu machen. Nachhaltigkeit im Umgang mit der Natur und den Rohstoffen ist der einzig gangbare Weg in die Zukunft.

Und auch wenn immer wieder frohlockt wird, dass durch das Schmelzen der Polkappen neue, förderbare Ölvorkommen zugänglich werden: Sie werden – einmal von den zusätzlichen Emissionen abgesehen – nicht reichen, um 8,5 Milliarden Menschen mit Energie zu versorgen. Wir müssen den Wechsel von fossilen Brennstoffen zu regenerativen Energien schaffen, ob wir wollen oder nicht.

Bei der ganzen öffentlichen Diskussion über den Klimawandel wird immer wieder die politische Brisanz verkannt. Bevor die Menschen in Afrika durch Ernteausfälle und eine Versteppung der Landschaft Hungers sterben, werden sie versuchen, dorthin zu wandern, wo es ein entsprechendes Nahrungsangebot gibt. Keine Mauer wird sie dabei aufhalten können.

Der Klimawandel hat eine völkerrechtliche Dimension, der sich keine Nation entziehen kann.

Klimaschutz im Völkerrecht

Rüdiger Wolfrum

I. Einführung

In den frühen Beratungen der Vereinten Nationen über den Schutz des Weltklimas wies die Generalversammlung der Vereinten Nationen den Vorschlag Maltas zurück, das Klima als ein gemeinsames Erbe der Menschheit zu betrachten, ein Begriff, den Malta erfolgreich in das Seerecht eingeführt hatte. Stattdessen notiert die Resolution 43/53 der Generalversammlung vom 6. Dezember 1988, dass

»climate change is a common concern of mankind, since climate is an essential condition which sustains life on earth«.

Nichts könnte die fundamentale Bedeutung des Klimawandels wie auch des Klimaschutzes besser beleuchten als die Aussage dieser Resolution, die damals weitgehend unbemerkt blieb.

Die Probleme des Klimaschutzes liegen in den charakteristischen Besonderheiten des Klimas. Das Klima berührt alle Menschen der Erde und damit alle Staaten. Das Klima ist aber nicht territorial zuordenbar, auch wenn menschliche Aktivitäten an Land oder auf See bzw. in der Luft das Klima mittelbar oder unmittelbar nachhaltig beeinflussen. Damit entzieht sich die Regelung des Klimaschutzes bzw. das Management der Faktoren, die das Klima beeinträchtigen können, dem traditionellen Regelungsansatz des staatlichen Rechts, das grundsätzlich auf ein bestimmtes Territorium, das Gebiet des betroffenen Staates oder eines Teils hiervon ausgerichtet ist. Klimaschutz wird damit konsequent zu einer genuin internationalen Aufgabe, der sich die Staaten nur gemeinsam unterziehen können und wobei der Erfolg des Klimaschutzes von der effektiven Kooperation möglichst aller Staaten abhängig ist.

Die derzeitigen internationalen und nationalen Bemühungen um den Klimaschutz gehen von der naturwissenschaftlich belegten Überzeugung aus, dass eine weitere Erwärmung der Erdatmosphäre langfristig negative oder sogar katastrophale Folgen für die Bewohnbarkeit der Erde haben wird. Negative Auswirkungen seien bereits kurzfristig zu erwarten. Dabei gibt es allerdings durchaus Unterschiede im Positiven wie auch im Negativen. Sollte die Klimaänderung zu einem signifikanten Anstieg des Weltmeeresspiegels führen, so ist bereits jetzt abzusehen, welche Küstenstaaten davon dramatisch betroffen oder dem Untergang geweiht sind. So negativ die Verringerung des arktischen und antarktischen Eises aus ökologischer und übergeordneter klimatologischer Sicht zu sehen sein mag, so ist doch nicht auszuschließen, dass die Inuit auf Grönland diese Entwicklung möglicherweise positiv sehen. Grundsätzlich besteht die Gefahr, die Auswirkungen des Klimawandels ausschließlich aus einem Blickwinkel zu sehen, nämlich aus dem des ökologisch sensibilisierten Europäers. Das fehlende Eingehen auf die Vorstellungen und Befindlichkeiten von Personen in anderen Regionen erweist sich als einer der entscheidenden Hinderungspunkte für eine bessere Akzeptanz eines international koordinierten Klimaschutzes. Klimaschutz darf sich nicht dem Vorwurf des Neokolonialismus aussetzen lassen; dies gilt für den Umweltschutz insgesamt.

Die internationalen Bemühungen um eine Verbesserung des Klimaschutzes haben zu zwei internationalen Vertragssystemen geführt, nämlich dem Vertragssystem zum Schutz der Ozonschicht (Wiener Übereinkommen zum Schutz der Ozonschicht vom 22. März 1985)[1] und dem dazugehörigen Montreal-Protokoll über Stoffe, die zu einem Abbau der Ozonschicht führen, vom 16. September 1987, einschließlich der 1990

---

1 BGBl 1988 II, S. 902.

In Siorapaluk füttert ein Jäger seine Hunde. In vielen kleinen Gemeinden Grönlands werden die Hunde langsam abgeschafft – die Zeitdauer, in der sie eingesetzt werden können, ist zu kurz geworden. Es lohnt sich nicht mehr, die Tiere zu unterhalten.

Ein Gruppe Nenzen im Norden Sibiriens. Auch sie haben mit den Auswirkungen des Klimawandels zu kämpfen.

in London, 1992 in Kopenhagen, 1995 in Wien, 1997 in Montreal und 1999 in Peking beschlossenen Änderung und/oder Anpassungen[2], sowie dem Rahmenübereinkommen der Vereinten Nationen über Klimaveränderungen vom 9. Mai 1992[3] sowie dem dazugehörigen Protokoll von Kyoto vom 11. Dezember 1997[4]. Mit in den Bereich des völkerrechtlichen Klimaschutzes kann das Übereinkommen über weiträumige grenzüberschreitende Luftverschmutzung vom 13. November 1970[5] gezählt werden, das allerdings lediglich von regionaler, europäischer Bedeutung ist. Einfluss auf die Gestaltung des Klimas hat naturgemäß auch eine Reihe

---

2 BGBl 2003 II, S. 346.
3 BGBl 1993 II, S. 1784.
4 BGBl 2002, S. 967 – das Protokoll ist für die Bundesrepublik Deutschland am
   16. Februar 2005 in Kraft getreten, BGBl 2005 II, S. 150.
5 BGBl 1982 II, S. 374.

von Übereinkommen, die sich auf die Nutzung der Meere beziehen, das Gleiche gilt für den Schutz der Biosphäre, sowie auf alle Umweltkomponenten, die Einfluss – mittelbar oder unmittelbar – auf die Entwicklung des Weltklimas haben. Diese Abkommen sollen für die folgenden Ausführungen aber außer Betracht bleiben.

Regelungen zum Klimaschutz ergeben sich sowohl aus Völkergewohnheitsrecht, wenn auch primär aus Völkervertragsrecht.

Es gibt eine generelle Regel des Völkergewohnheitsrechts, wonach Staaten verpflichtet sind, die Umwelt anderer Staaten nicht zu beeinträchtigen. Die gleiche Verpflichtung bezieht sich auf die Umwelt außerhalb der staatlichen Souveränität. Dieser Grundsatz ist bereits im Prinzip 21 der Umweltkonferenz von Stockholm (1972) und im Prinzip Nr. 2 der Rio-Deklaration (Konferenz für Umwelt und Entwicklung 1992) enthalten. Allerdings ist die Bedeutung dieses völkergewohnheitsrechtlichen Grundsatzes gering, zumindest für die Vertragsstaaten der wichtigsten internationalen Abkommen zum Schutz des Klimas.

Zwei Phänomene beeinträchtigen das Weltklima unmittelbar, nämlich der Abbau der Ozonschicht und der Klimawandel, Letzterer ausgelöst vor allem durch CO_2-Emissionen (Treibhausgase). Die CO_2-Emissionen sind vor allem das Resultat der Verbrennung von Kohlenwasserstoffen, also ein Phänomen der industriellen Entwicklung. Die Ozonschicht wird geschädigt durch FCKW und entsprechende Substanzen; daraus resultiert ein stärkeres Eindringen ultravioletter Strahlung in die Erdatmosphäre. FCKW hatte eine weit verbreitete industrielle Verwendung als Kältemittel und vor allem als Treibgas.

Wie bereits angesprochen, haben beide Phänomene zum Abschluss internationaler Abkommen geführt. Das System zum Schutz der Ozonschicht (Wiener Übereinkommen und Protokoll von Montreal) wird als außerordentlich effizient – geradezu als Musterbeispiel – für eine internationale Regulierung verstanden. Demgegenüber ist das System zum Schutz der Atmosphäre (Klimarahmenkonvention und Kyoto-Protokoll) weniger effizient, was vor allem, aber nicht nur, damit zusammenhängt, dass wesentliche Emittenten diesem System nicht beigetreten sind. Mindestens genauso entscheidend ist, dass bisher keine akzeptierte Einigung darüber erzielt werden konnte, wie die Lasten zu verteilen sind, die sich aus der notwendigen Verringerung der CO_2-Emissionen ergeben. Das Wiener Übereinkommen zum Schutz der Ozonschicht ist ein Rahmenabkommen und formuliert in erster Linie zwischenstaatliche Kooperationspflichten. Es führte sehr schnell zum Abschluss des Protokolls von Montreal, das die eigentlichen Steuerungselemente enthält. Auch das Klimarahmenübereinkommen ist, wie sein Name bereits besagt, ein Rahmenabkommen, das voraussetzt, dass präziser formulierte Verpflichtungen folgen. Dies ist mit dem Protokoll von Kyoto geschehen. Sein Ziel ist die Reduktion von Treibhausgasen.

Insofern ist festzustellen, dass sowohl zum Schutz der Ozonschicht als auch zum Schutz des Weltklimas ähnliche völkerrechtliche Instrumente eingesetzt wurden. Einer Rahmenkonvention, die vor allem Kooperationspflichten formulierte (das Klimarahmenabkommen geht hier allerdings weiter, wie noch zu zeigen sein wird), folgten Protokolle – eigenständige völkerrechtliche Verträge –, die diese Kooperationspflichten weiter ausdifferenzieren. Allerdings gehen die Pflichten unter dem Regime zum Schutz der Ozonschicht deutlich weiter als unter dem Regime zum Schutz des Weltklimas; auch ist das völkerrechtliche Instrumentarium innovativer.

II. Schutz der Ozonschicht

1. Vorbemerkung

Bereits im Jahre 1977 begann das UN-Umweltprogramm (UNEP) mit einem Plan zum Schutz der Ozonschicht. Allerdings wurden die Arbeiten erst richtig gefördert, als belegbare Daten über die Schädigung der Ozonschicht in der Mitte der 1980er-Jahre vorlagen. Im März 1985 unterzeichneten 24 Staaten der Europäischen Gemeinschaft das Übereinkommen zum Schutz der Ozonschicht – das bereits genannte Wiener Übereinkommen – und initiierten die Entwicklung eines substanziellen Protokolls. Nach der Entdeckung des Lochs in der Ozonschicht über der Antarktis im Jahre 1986 wurden die Beratungen mit erheblichem Nachdruck fortgeführt und resultierten in dem Abschluss des Protokolls von Montreal im September 1987. Dieses Protokoll trat 1989 in Kraft. Mit dem 1. Januar 1996 ist es aufgrund des Protokolls gelungen, die Produktion und den Verbrauch von Fluorchlorkohlenwasserstoff (FCKW) fast

Jäger von Pond Inlet kommen zu Besuch an Bord der DAGMAR AAEN. Wann immer wir auf Jäger treffen, befragen wir sie zum Klimawandel.

völlig zu reduzieren, und es wurde der Versuch eingeleitet, auch weitere ozonschichtabbauende Substanzen in Produktion und Verwendung ein-zuschränken. Die Suche nach Alternativstoffen für Fluorchlorkohlen-wasserstoff gestaltete sich allerdings in der Praxis als schwierig. Einige von ihnen erwiesen sich als ebenso oder noch gefährlicher als Fluor-chlorkohlenwasserstoff selbst. Teilweise wurden sie inzwischen der Lis-te der verbotenen Stoffe zugefügt.

2. Das Wiener Übereinkommen zum Schutz der Ozonschicht und das Montreal-Protokoll

Das Wiener Übereinkommen zum Schutz der Ozonschicht begründet nur im geringen Umfang substanzielle Pflichten der Vertragsstaaten. Sein Hauptzweck bestand darin, das Problem der Schädigung der Ozon-schicht auf eine internationale normative Ebene zu heben und einen institutionellen und organisatorischen Rahmen für Verhandlungen über konkrete Problemlösungen zu schaffen. Das Abkommen trat 1988 in Kraft; ihm gehören 196 Staaten an, und es kann von daher als universell bezeichnet werden.

Zu Art. 2 Abs. 1 des Übereinkommens verpflichten sich die Vertragsparteien, geeignete Maßnahmen zu treffen, um die menschliche Gesundheit und die Umwelt allgemein vor schädlichen Auswirkungen zu schützen, die nachweislich oder wahrscheinlich durch eine Veränderung der Ozonschicht verursacht werden. Diese Verpflichtung steht unter dem Vorbehalt der technischen und wirtschaftlichen Möglichkeiten. Im Zentrum steht die zwischenstaatliche Kooperation bei der systematischen Beobachtung und Erforschung der Ozonschicht und der Folgen ihrer Veränderung. Entscheidend ist darüber hinaus die Kooperationsverpflichtung in Bezug auf die Ausarbeitung von Verfahren zur Annahme von Protokollen und Anhängen. Diese Verpflichtungen werden in weiteren Vorschriften des Übereinkommens näher spezifiziert. An der Formulierung von Art. 2 Abs. 1 des Übereinkommens ist ein Punkt bemerkenswert. Schutzobjekt neben der menschlichen Gesundheit ist die Umwelt. Dies ist nicht selbstverständlich. Ein wesentlicher Teil der nationalen und internationalen Regelungen zum Schutz der Umwelt ist anthroprozentisch – d. h., es wird der Mensch geschützt bzw. bestimmte Tier- und Pflanzenarten und nur unmittelbar die Umwelt an sich. Der Verweis auf den Schutz der Umwelt ist für die Auslegung und Anwendung des Rechtsregimes des Schutzes der Ozonschicht von Bedeutung.

Bereits auf der diplomatischen Konferenz im März 1985, die der Unterzeichnung des Übereinkommens diente, begannen die Vertragsstaaten mit den Verhandlungen über den Abschluss eines Protokolls. Man einigte sich zunächst aber lediglich auf eine Resolution, in der die Vertragsstaaten aufgefordert wurden, bis zum Abschluss eines Protokolls ihre FCKW-Emissionen zu kontrollieren. In seiner ursprünglichen Fassung gehören ihm 196 Staaten[6] an. Den späteren Ergänzungen ist die weit überwiegende Mehrzahl der Staaten beigetreten. Das Protokoll von

---

6 Stand November 2009.

Montreal enthält folgende Punkte: feste Ziele für die Reduzierung und Einstellung der Produktion und des Verbrauchs von FCKW und anderen ozonschädlichen Substanzen; ein Verfahren zu ständigen Nachbesserungen der Verpflichtungen; Handelsbeschränkungen bezüglich der meisten reglementierten Substanzen gegenüber Staaten, die dem Rechtsregime nicht beigetreten sind, ein Verfahren zur Kontrolle und schließlich ein Verfahren für den Fall, dass die Verpflichtungen nicht eingehalten werden. Geschaffen wurde schließlich auch ein Finanzmechanismus. Zu allen diesen Punkten war das Protokoll innovativ; ihm folgende internationale Umweltübereinkommen haben diesen Standard nur teilweise erreicht.

Das von vornherein als dynamisches Instrument ausgelegte Protokoll von Montreal wurde im Wesentlichen durch Vertragsstaatenkonferenzen fortentwickelt. In der ursprünglichen Fassung des Protokolls hatten sich die Vertragsstaaten dazu verpflichtet, die Produktion und den Verbrauch von FCKW und von Halogenen innerhalb bestimmter Zeiträume jeweils auf das Niveau von 1986 zu reduzieren. Die derzeit geltenden Bestimmungen haben diese Verpflichtung deutlich verschärft und inhaltlich erweitert. Erfasst werden nunmehr von den Restriktionen FCKW, Halogene, sonstige vollständig halogenierte FCKWs und eine weitere Reihe von Substanzen, einschließlich Methylbromid, das vor allem in der Landwirtschaft eingesetzt wird. Die Parteien sind nunmehr verpflichtet, ihren Verbrauch und ihre Produktion teils ganz einzustellen, teils deutlich zu reduzieren. So sind beispielsweise Verbrauch und Produktion für FCKW seit 1996 gänzlich untersagt. Ausnahmen in beschränktem Umfang gelten für Entwicklungsländer.

Diese weit reichenden Modifikationen wurden durch ein Verfahren erreicht, das inzwischen im internationalen Umweltrecht eine gewisse Verbreitung hat, aber im deutlichen Widerspruch zum traditionellen Völkerrecht steht. Während normalerweise völkerrechtliche Übereinkommen nur durch einen weiteren völkerrechtlichen Vertrag geändert werden können, der nur für diejenigen Staaten in Kraft tritt, die ihm beigetreten sind, gilt dies nicht für die Liste der reglementierten Substanzen und für das Ausmaß der Reduktionsverpflichtung. Diese Substanzen und die entsprechenden Verpflichtungen finden sich in verschie-

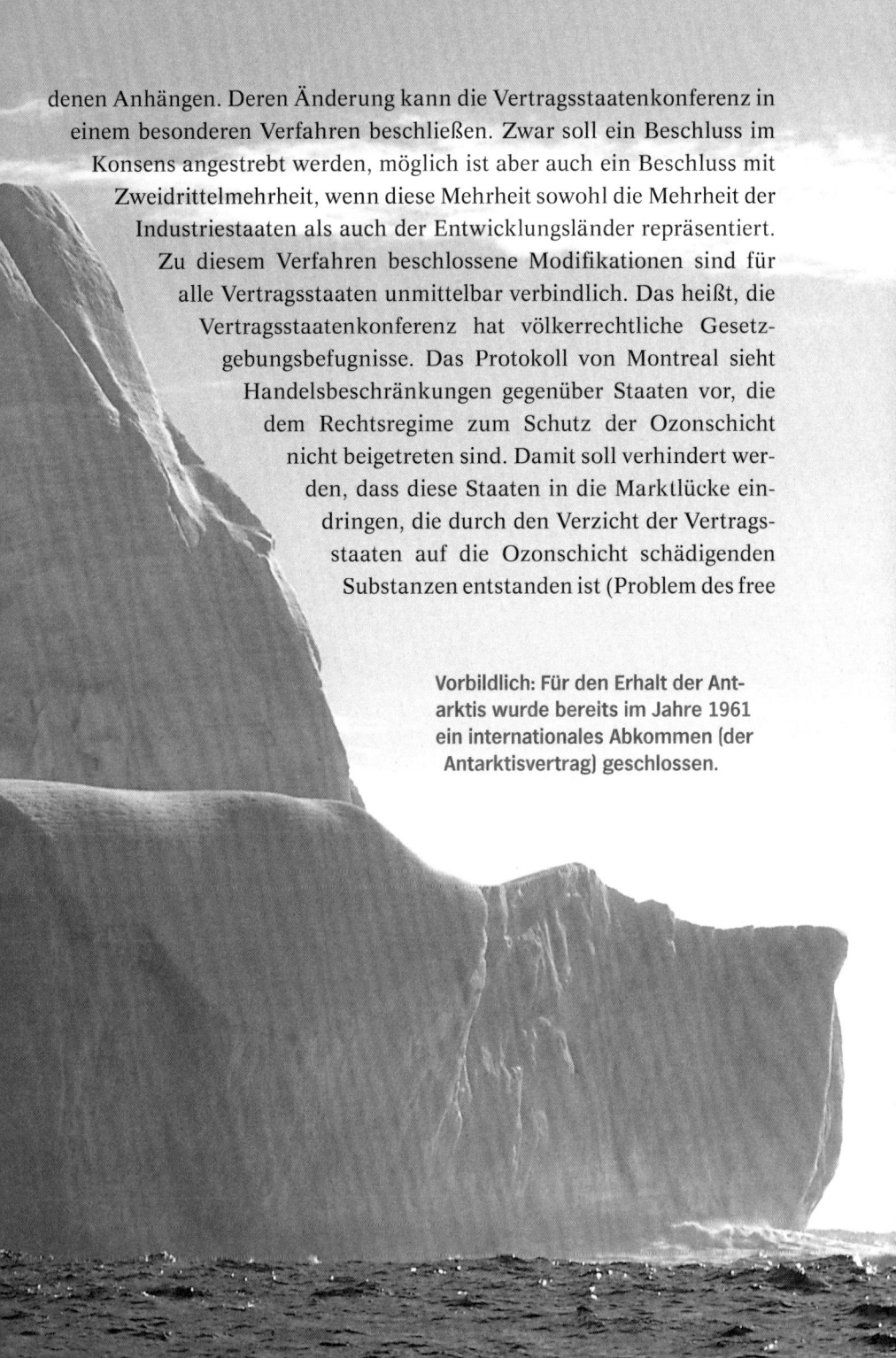

denen Anhängen. Deren Änderung kann die Vertragsstaatenkonferenz in einem besonderen Verfahren beschließen. Zwar soll ein Beschluss im Konsens angestrebt werden, möglich ist aber auch ein Beschluss mit Zweidrittelmehrheit, wenn diese Mehrheit sowohl die Mehrheit der Industriestaaten als auch der Entwicklungsländer repräsentiert. Zu diesem Verfahren beschlossene Modifikationen sind für alle Vertragsstaaten unmittelbar verbindlich. Das heißt, die Vertragsstaatenkonferenz hat völkerrechtliche Gesetzgebungsbefugnisse. Das Protokoll von Montreal sieht Handelsbeschränkungen gegenüber Staaten vor, die dem Rechtsregime zum Schutz der Ozonschicht nicht beigetreten sind. Damit soll verhindert werden, dass diese Staaten in die Marktlücke eindringen, die durch den Verzicht der Vertragsstaaten auf die Ozonschicht schädigenden Substanzen entstanden ist (Problem des free

Vorbildlich: Für den Erhalt der Antarktis wurde bereits im Jahre 1961 ein internationales Abkommen (der Antarktisvertrag) geschlossen.

riders). Verboten ist die Einfuhr von Produkten, die solche Substanzen enthalten oder mit deren Hilfe hergestellt worden sind.

Diese Regelung wird teilweise für problematisch gehalten, greift sie doch in die völkerrechtlich gesicherte Freiheit des Warenverkehrs ein. Die Bedenken erscheinen jedoch unbegründet. Das Wirtschaftsvölkerrecht ist gegenüber dem Gebot des Umweltschutzes nicht blind, solange die entsprechenden Beschränkungen international vereinbart wurden und nicht mit dem Ziel eingeführt werden, die eigene Industrie zu schützen.

Innovativ ist auch das später eingeführte Verfahren bei Nichteinhalten der Verpflichtungen. Dieses Verfahren setzt zunächst auf eine Kooperation und Unterstützung des Staates, der seine Verpflichtungen nicht einzuhalten vermag. In einem zweiten Schritt können aber auch Sanktionen ergriffen werden. Dieser Mechanismus ist bereits mehrfach mit Erfolg eingesetzt worden.

Schließlich haben sich die Vertragsstaaten dazu verpflichtet, einen Finanzmechanismus einzurichten, der Staaten bei der Bewältigung der technischen und wirtschaftlichen Probleme eines Verzichts von FCKW und anderer Substanzen Hilfestellung geben soll.

Das Rechtsregime zum Schutz der Ozonschicht wird als außerordentlich erfolgreich angesehen. Generalsekretär Kofi Annan bezeichnete es als »the single most successful international agreement«. Es wird, wenn auch erst auf längere Sicht, zu einer Erholung der Ozonschicht führen.

III. Das internationale Rechtsregime zum Schutz des Klimas

Bereits 1988 wurde von UNEP und der World Meteorological Organization darauf aufmerksam gemacht, das bei gleich bleibenden Emissionen von Triebhausgasen, sich das Weltklima zwangsläufig um 2–5 °C bis 2010 erhöhen würde. Über die Zahlen besteht Unsicherheit, aber weitgehende Einigkeit darüber, dass bei gleich bleibenden Emissionen eine signifikante Klimaerwärmung unausweichlich ist. Die Verhandlungen, die von der Generalversammlung initiiert wurden, gestalteten sich schwierig, führten aber 1992 zum Abschluss des Rahmenübereinkommens der Vereinten Nationen über Klimaänderungen im Rahmen der Konferenz von Rio de Janeiro über Umwelt und Entwicklung. Dem Abkommen gehören 184 Staaten an.[7] Anders als das Wiener Übereinkommen zum Schutz der Ozonschicht enthält das Rahmenübereinkommen nicht nur Kooperationspflichten der Staaten, sondern verpflichtet die Vertragsstaaten, die Treibhausgaskonzentration in der Atmosphäre auf einem Niveau zu stabilisieren, das eine gefährliche anthropogene Störung des Weltklimas verhindert. Bereits dies bedeutet theoretisch eine Verringerung der Emissionen. In Wirklichkeit wurde diese Verpflichtung nicht oder nur teilweise verwirklicht.

Das Rahmenübereinkommen formuliert eine Reihe von Prinzipien, die bislang allerdings in der Realität nicht vollständig umgesetzt sind. Tragendes Prinzip ist die gemeinsame, aber unterschiedliche Verantwortung der Staaten für die Erhaltung des Weltklimas. Dahinter steht die Überlegung, dass die derzeitigen Treibhausgaskonzentrationen in der Atmosphäre durch die Industrieländer verursacht wurden und auch immer noch werden.

So beträgt beispielsweise der jährliche Ausstoß von CO_2 in den USA[8] im Jahre 2008 6371 Millionen Tonnen (21,3 t pro Kopf der Bevölkerung) im Vergleich zu 1419 Millionen Tonnen in Indien (1,3 t pro Kopf der Bevölkerung). Die Entwicklungsländer und die Staaten des ehemaligen Ostblocks machen daher geltend, dass die Industriestaaten die notwendige Reduktion der CO_2-Emissionen bewirken müssten. Außerdem verweisen sie darauf, dass für ihre wirtschaftliche Entwicklung ein Freiraum für CO_2-Emissionen geschaffen werden müsste und sie Anspruch auf finanzielle Hilfe und Unterstützung für den Aufbau klimaverträglicher Technologien hätten. Das Rahmenübereinkommen formuliert dementsprechend Pflichten für alle Staaten und Pflichten, die allein die Industriestaaten treffen. Die Pflichten der Industriestaaten werden durch das Kyoto-Protokoll zum Klima-Schutzübereinkommen verstärkt und spezifiziert, dagegen begründet dieses keine weiteren Pflichten für die Entwicklungsländer.

---

7 Stand November 2009.
8 Die USA gehören allerdings dem Regime des Klimaschutzes nicht an.

Nach dem Rahmenübereinkommen sind alle Staaten verpflichtet, Statistiken über die Emissionen von Treibhausgasen sowie für Senken (in denen Treibhausgase natürlich abgebaut oder gebunden werden) zu erstellen, Technologien für die Verifizierung von Emissionen bzw. zu deren Bindung zu entwickeln sowie das öffentliche Bewusstsein zum Klimaschutz zu stärken. Außerdem wird es allen Staaten zur Pflicht gemacht, Senken und Speicher nachhaltig zu bewirtschaften.

Die Industriestaaten sind zudem verpflichtet, neue und zusätzliche Finanzmittel zur Verfügung zu stellen. Diese sollen in vollem Umfang die Kosten der Entwicklungsländer auffangen, die diese benötigen, um ihre Verpflichtungen zu erfüllen.

Das Kyoto-Protokoll verlangt von den Industriestaaten eine konkrete Reduzierung von Treibhausgasemissionen. Die Gesamtemissionen müssen gemeinsam oder einzeln im Verpflichtungszeitraum (2008–2012) um mindestens 5 % gegenüber dem Jahr 1990 reduziert werden – die Wahl des Basisjahres 1990 beinhaltet bereits eine Reduktion. Das Kyoto-Protokoll legt für jeden Staat oder Staatengruppe verbindliche Reduktionsziele fest – für die EU beträgt es 8 % bezogen auf das Jahr 1990.[9]

Das Kyoto-Protokoll stellt eine Reihe von wirtschaftlichen Mechanismen zur Verfügung, die teils als Anreize für eine klimaverträgliche Wirtschaftspolitik dienen, teils dem Aufbau von klimaverträglichen Industrien in den Entwicklungsländern dienen sollen oder die darauf abzielen – u. a. wie der Handel mit Emissionsrechten –, die wirtschaftlichen Lasten einer Neuorientierung der wirtschaftlichen Produktion auf mehr Klimaverträglichkeit gleichmäßiger zu verteilen. Die wirtschaftspolitische bzw. ökologische Wirkung mancher dieser Mechanismen ist umstritten.

Anders als der Schutz der Ozonschicht, ist der Schutz des Weltklimas bislang nicht erfolgreich gewesen. Dies hat verschiedene Gründe. Ein effektiver Klimaschutz greift viel tiefer in die Wirtschaft, ja sogar in die privaten Haushalte ein als der Schutz der Ozonschicht. Letztlich wird ein wirtschaftliches Umdenken verlangt, das bis in die Privatsphäre reicht. Hinzu kommt, dass die Verringerung der CO_2-Emissionen sich

---

9 Kanada und Japan je 6 %, USA (nicht beigetreten) 7 %.

Sisimiut – die zweitgrößte Stadt Grönlands im Hochsommer. Es ist eine moderne, kleine Ortschaft, die primär von der Fischerei lebt.

auf die wirtschaftliche Entwicklung in den Industrie- und Schwellenländern auswirkt oder dies zumindest von diesen befürchtet wird. Dies hängt auch damit zusammen, dass Maßnahmen zum Klimaschutz zunächst aus den Industriestaaten gefordert wurden, die an die Entwicklungsländer gerichteten Forderungen wurden als typisch westlich, teilweise als neokolonialistisch empfunden. Insbesondere durch bedrohte Inselstaaten des Pazifiks und gefährdete Küstenregionen hat sich diese Haltung geändert. Jetzt wird allerdings gefordert, dass die Industriestaaten auch, wie vertraglich zugesagt, die Kosten übernehmen. Die Klimakonferenz von Kopenhagen hat dies deutlich gemacht. Diese Forderung der Kostenübernahme wird von einzelnen Industriestaaten kritisch gesehen, ebenso umstritten ist dann, wie die Kostenverteilung unter den Industriestaaten erfolgen soll. Umstritten ist aber auch das Gesamtkonzept; einzelne Industriestaaten wenden sich gegen dirigistische Eingriffe in ihr Wirtschaftsleben und gehen davon aus, dass eine Änderung des Konsum- und Produktionsverhaltens allein durch finanzielle Steuerungsmittel, vor allem Abgaben auf Produkte, deren Herstellung das Klima belastet, erreicht werden soll.

IV. Schlussbetrachtungen

Die völkerrechtliche Bewältigung des Klimaschutzes hat mehrere Ebenen, die in der öffentlichen Diskussion nicht immer genügend in Zusammenhang gebracht werden. In den Industriestaaten ist zwar die Erkenntnis gewachsen, dass Maßnahmen gegen die zu erwartenden Klimaveränderungen ergriffen werden müssen, über die Maßnahmen selbst besteht aber in wesentlichen Punkten politisch Uneinigkeit. In Deutschland zeigt sich dies an kontroversen Diskussionen zu alternativen Energien; gespalten sind die Meinungen vor allem zur Atomenergie.

Die internationale Diskussion wird dadurch erschwert, dass die potenziellen Treibhausgasemittenten wie China, Indien, Indonesien und Brasilien zu Recht darauf verweisen, dass die Industriestaaten weder ihre Reduktionspflichten noch ihre finanziellen und technischen Zusagen erfüllt haben. Solange der Ausgleich zwischen diesen Staaten und den Industriestaaten nicht gelingt – man muss akzeptieren, dass es hier um einen Verteilungskampf um die Nutzung der Atmosphäre geht, deren Belastbarkeit endlich und nicht unendlich ist – und solange die USA einem effizienten Regime zum Klimaschutz nicht beitreten, wird eine Einigung nicht erreichbar sein.

Nicht hinreichend berücksichtigt wird, dass massive Veränderungen des Weltklimas neue Probleme aufwerfen werden, deren Lösungen unter Umständen schwieriger sein werden als die jetzt angestrebte Einigung. Einige der Probleme seien kurz angesprochen.

Der Anstieg des Meeresspiegels wird aller Voraussicht nach zum Verschwinden einzelner Inselstaaten führen. Erste Evakuierungen bzw. Sicherungspläne existieren.

Die zunehmende Ausdehnung der Wüsten und Trockengebiete, die allerdings nur teilweise auf die Klimaänderung und mindestens ebenso auf eine Übernutzung zurückzuführen ist, wird zu Konflikten über Weide- und Wasserrechte führen. Der Darfurkonflikt hat zumindest teilweise seine Ursache in der Auswirkung der ökologischen Veränderung auf die traditionelle Lebensweise der Bevölkerung. Letztlich werden diese Entwicklungen neue Flüchtlingsbewegungen auslösen, soweit dies bis jetzt nicht bereits geschehen ist. Aber dies sind nur einzelne Elemente des Klimawandels, die, so schwer sie die Betroffenen auch berühren, nur besonders sichtbar sind. Das Gleiche gilt für die negativen Auswirkungen auf bestimmte Tierarten, unter denen der Eisbär besonders häufig genannt wird. Diese einzelnen Entwicklungen dürfen aber nicht verdecken, dass eine massive Änderung des Weltklimas möglicherweise längerfristig einschneidende Auswirkungen auf die Bewohnbarkeit des Planeten Erde haben könnte.

DER AUTOR

Prof. Dr. Dr. hc. Rüdiger Wolfrum, geboren 1941 in Berlin, juristisches Studium an den Universitäten Bonn und Tübingen. Seit 1980 Professor für Öffentliches Recht und Völkerrecht, zunächst in Mainz, später Kiel, Minnesota (Minneapolis), Heidelberg und Hamburg.
Schon früh Teilnahme an diversen Konferenzen als Teil der Delegation der Bundesrepublik Deutschland (u.a. über mineralische Ressourcen der Antarktis). 1992–1998 Teilnahme an den Consultative Meetings der Antarktisvertragsstaaten. 1995–2003 Mitglied des Kuratorium der Stiftung für marine Geowissenschaften (GEOMAR), 2000–2006 auch Kuratoriumsmitglied der Stiftung AWI. 1996–2002 Vizepräsident der Deutschen Forschungsgemeinschaft. Direktor am Max-Planck-Institut für ausländisches öffentliches Recht und Völkerrecht, Heidelberg. Vorsitzender der Deutschen Gesellschaft für Völkerrecht, Präsident des Internationalen Seegerichtshofes, Mitglied des Präsidiums der Deutschen Gesellschaft für Vereinten Nationen.

Die Konferenz von Kopenhagen

»Wenn sich im Dezember 2009 die Vertreter von 192 Ländern in Kopen-hagen treffen, geht es um die Zukunft unseres Planeten: Das ›Kyoto-Pro-tokoll‹, mit dem erstmals in der Geschichte die Reduzierung schädlicher Treibhausgase festgeschrieben wurde, läuft 2012 aus. Jetzt müssen weg-weisende Entscheidungen für die Zukunft getroffen werden.

Die Zeit dafür ist knapp: Denn wirksamer Klimaschutz erfordert rasches Handeln. Für mehr Nachhaltigkeit und weniger Emissionen – bevor es zu spät ist.«

Dies sagt nicht etwa der Pressesprecher einer Umweltschutzorganisation, sondern es ist einer Werbebeilage des Magazins »Der Spiegel« entnommen – Auftraggeber: der Siemens-Konzern.

Pünktlich zum Start der Kopenhagener Klimakonferenz im Dezember 2009 haben mehr als 500 Unternehmenslenker aus beinahe allen G-20-Staaten ein Kommuniqué unterzeichnet, das von den politisch Verantwortlichen ein international bindendes und verlässliches Rahmenprogramm fordert. Die Liste der Unterzeichner liest sich wie das »Who is Who« der internationalen Wirtschaft. Zu ihnen gehören neben dem Vorstandsvorsitzenden Peter Löscher (Siemens) der Aufsichtsratschef der Otto-Group, Michael Otto, Telecomchef René Obermann, der Verleger Hubert Burda, aber auch der britische Unternehmer Richard Branson (Virgin Group), Paul Polman, Vorstandschef von General Electric, und Hunderte andere hochkarätige, international bekannte Unternehmenslenker. Schirmherr der Aktion ist der britische Thronfolger Prinz Charles. In dem Kommuniqué wird vehement gefordert, dass die Industriestaaten ihre CO_2-Emissionen »weit über den globalen Durchschnitt reduzieren«. Der weltweite Ausstoß an Treibhausgasen müsse bis 2050 um mindestens 50 % sinken, so die Forderung, um dadurch die Erderwärmung auf 2 °C zu begrenzen.

An dieser Stelle bedarf es derzeit offenbar nur wenig Überzeugungsarbeit. Aber wie sieht es auf politischer Ebene aus?

Dort übt man sich in Kleinstaaterei. Globales Denken und Handeln beschränkt sich weiterhin auf wirtschaftliche Vorteilnahme und beinhaltet keinesfalls die Bereitschaft, Verantwortung für den Planeten zu zementieren. Dort, wo grenzübergreifend Zollschranken abgebaut werden, neue Märkte erobert und Umsätze getätigt werden können, ist die Globalisierung willkommen. Wo es hingegen um Umweltauflagen, gegenseitige Kontrollen und Reduzierung von Emissionen geht, mag man sich nicht in die »nationalen Angelegenheiten« und die eigene Souveränität reinreden lassen. Dann ist man plötzlich wieder ganz bei sich.

China und Indien waren nicht bereit, sich zu international verbindlichen Reduktionszielen der Treibhausgase zu verpflichten. Obwohl die beiden Länder den ersten bzw. vierten Rang unter den weltweit größten Treibhausgasemittenten einnehmen, wollten sie sich – zusammen mit einigen anderen asiatischen Großmächten – unter keinen Umständen auf eine rechtsverbindliche Vorgabe zur Reduzierung der Treibhausgase festlegen lassen.

Protektionismus für die heimische Industrie und das Wirtschaftswachstum genießen uneingeschränkten Vorrang vor dem Klimaschutz. Allein China, das sich selbst als Schwellenland bezeichnet, im Grunde genommen aber eine Supermacht darstellt, hat sich in Kopenhagen nach allen Regeln der Kunst aus der Affäre gezogen und die mit großen Erwartungen behaftete Kopenhagener Konferenz letztlich platzen lassen. Und auch die USA haben sich eher ziel- und profillos verhalten. Die Aussage des Präsidenten Barack Obama, dass das, was man in Kopenhagen erreicht habe, nicht das Ende, sondern ein Anfang gewesen sei, verdeutlicht das substanzlose Ergebnis. Eine Führungsrolle in Sachen Klimaschutz haben die USA jedenfalls nicht eingenommen. José Manuel Barroso gab sich daher gar nicht erst die Mühe, seine Enttäuschung zu verbergen, und verzichtete auf diplomatische Wortspielchen.

Die Konferenz hat deutlich gemacht, dass zwar der Klimawandel als Bedrohung erkannt wird, nach wie vor aber der Wille fehlt, eine Weltklimaordnung zu schaffen. Während sich die Vertreter der Malediven oder des pazifischen Inselstaates Tuvalu stellvertretend für andere Inselsaaten die Haare rauften, wollte man sich lediglich auf ein unverbindliches Abschlussdokument einigen. Darin steht sinngemäß, dass man das Ziel, die Erderwärmung auf 2 °C zu begrenzen, einhalten wolle. Irgendwelche Kontrollmechanismen oder gar Sanktionen gegenüber jenen, die die Maßgaben nicht erfüllen, gibt es aber nicht. »Das ist das Ende von Tuvalu«, er werde das Schlussdokument nicht unterzeichnen, so der aufgebrachte Repräsentant des Inselstaates.

Ein kleines Trostpflaster mag es für die Inselstaaten geben: Als einer der wenigen konstruktiven Beschlüsse von Kopenhagen mag der Umstand gelten, dass den Entwicklungsländern von den Industrienationen für die Anpassung an den Klimawandel bis zum Jahre 2012 insgesamt 30 Milliarden Dollar zur Verfügung gestellt werden, die sich ab 2020 auf 100 Milliarden Dollar pro Jahr erhöhen sollen. Aber woher das Geld kommt und ob es sich dabei nur eine Umverteilung ohnehin gezahlter Entwicklungshilfe handeln wird, ist nicht ersichtlich. Alle Beschlüsse wirken diffus und windelweich. Es werden zudem ganz andere Beträge benötigt, um substanzielle Veränderungen zu bewirken.

Aber dafür fehlt das Geld – sagt man.

Für das Investment in eine gesicherte Zukunft fehlt also das Kapital. Wenn es aber darum geht, marode Geldinstitute, die selbst verschuldet in die Pleite geraten sind, zu retten, leiht sich der Staat ohne mit der Wimper zu zucken verzinsbare Milliardenbeträge bei eben diesen Banken, um damit die strauchelnden Geldinstitute vor der Insolvenz zu retten. Die Zeche zahlt

der Steuerzahler bzw. die späteren Generationen. Ein frustrierter Wissenschaftler sagte nach der gescheiterten Konferenz: »Wenn der Klimaschutz eine Bank wäre, hätte man sie längst gerettet.«

Enttäuscht über den Ausgang der Konferenz waren mit Ausnahme Chinas, Indiens und einiger pazifischer Staaten wohl alle beteiligten Nationen. Betroffen zeigten sich auch die Vertreter Brasiliens, in dem sich über die Hälfte des bedrohten amazonischen Regenwaldes befindet, sowie natürlich auch die afrikanischen Delegationen. Schon eine Begrenzung der Erderwärmung im weltweiten Mittel um 2 °C würde für Afrika eine Erwärmung von 3,5 °C bedeuten – mit katastrophalen Folgen für die Bevölkerung.

Eine Begegnung der besonderen Art. Die DAGMAR AAEN bei der Ausreise nach Grönland auf der Elbe kurz vor Cuxhaven. Entgegenkommend ein Großcontainerschiff. Es liegen Schifffahrtswelten zwischen diesen beiden Schiffen. Unterschiedlicher könnte die Art und Weise, die Ozeane zu be- und erfahren, nicht sein.

Der ambitionierte Vorstoß der EU versandete letztlich an der Abwehrhaltung Chinas und anderer sympathisierender Schwellenländer. Die hoch gehandelten Erwartungen bei Beginn des Klimagipfels wurden sang- und klanglos zu Grabe getragen.

Kopenhagen 2009 ist gescheitert! Es ist eine historische Chance vertan worden, um international verbindliche Richtlinien zum Schutze des Weltklimas auf den Weg zu bringen. Daran gibt es wohl kaum etwas zu deuteln. Und dennoch – es ist nicht alles verloren. Es ist sicher falsch anzunehmen, dass sich Länder wie China oder Indien nicht um den Klimawandel scheren. Ich glaube ganz sicher, dass eher das Gegenteil der Fall ist. Auch diese Länder haben die Auswirkungen der globalen Erwärmung mit all ihren Facetten erkannt. Sie wissen, sie werden reagieren müssen – aus nationalem Interesse. Aber das soll bitteschön im Alleingang geschehen, ohne internationale Kontrollen oder Zusagen. Und natürlich ohne das Wirtschaftswachstum zu behindern. Was man dort primär scheut, ist, sich von anderen in die eigenen Karten schauen zu lassen.

Es ist wie üblich ein schwieriger Spagat. Die Klimaerwärmung macht nun einmal vor keiner Landesgrenze halt. Sie ist fürwahr ein globales Problem, das letztlich auch nur wirksam in der internationalen Gemeinschaft gelöst werden kann.

Es bleibt zu hoffen, dass die betreffenden Länder zunächst auf nationaler Ebene den Klimaschutz vorantreiben – und sei es durch die Entwicklung marktfähiger Umwelttechnologien. Aber sie werden auch in anderen Ländern entsprechende Technologien einkaufen: Umwelt- und Klimaschutz als Wirtschaftsmotor. Umweltschutz kostet Geld – Umweltzerstörung kostet aber viel mehr Geld. Es ist deshalb volkswirtschaftlich sinnvoll und notwendig, in den Klima- und Naturschutz zu investieren. Unabhängig von weiteren Konferenzen auf den unterschiedlichen politischen Ebenen, die schon im Jahre 2010 folgen werden, muss die Entwicklung klimaverträglicher Energietechnologien vorangetrieben werden.

Es bleibt zu hoffen, dass die im »Kopenhagener Kommuniqué« vereinigten Unternehmen auch ohne die erhofften politischen Rahmenbedingungen voranschreiten und in diesem Sinne aktiv werden.

Auch auf die Gefahr hin, dass es ein wenig banal klingen mag: Mir drängt sich bei der Betrachtung des Problems bisweilen der Vergleich mit einer Expedition auf. Kritische Situationen – auch solche, bei denen es um Leben und Tod ging – habe ich mit meinem Team häufiger erlebt. Wenn man mit einem kleinen Segelschiff in schwere See gerät, hilft es herzlich wenig, sich hinzusetzen und zu lamentieren oder so zu tun, als sei das alles gar nicht so

Was bringt die Zukunft? Wie werden die Menschen, wie die Politiker, wie die Wirtschaftskapitäne dem Klimawandel begegnen? Ignorieren und so zu tun, als gebe es ihn nicht, ist jedenfalls keine zukunftfähige Lösung.

schlimm. Man muss den Ernst der Lage erkennen und entsprechend darauf reagieren. Nicht mit blindem Aktionismus, sondern mit Know-how, mit analytischem Denken und besonders der Bereitschaft, sich auf die Situation einzulassen. Nicht zu reagieren und das Problem lediglich zu verwalten kann und wird vermutlich in der Katastrophe enden.

Es ist Pioniergeist gefordert, in jeder Hinsicht. Nur so lassen sich Probleme lösen!

Anhang

Literatur

Allianz Umweltstiftung: Informationen zum Thema »Klima«: Grundlage, Geschichte und Projektionen. München. 2007

Arrhenius 1896: On the Influence of Carbon Acid in the Air upon Temperature of the Ground. S. Arrhenius. Philosophical Magazine ad Journal of Science, S. 237 267. 1896

Bals, Christoph/Hamm, Horst/Jerger, Ilona/Milke, Klaus: Die Welt am Scheideweg: Wie retten wir das Klima? Rowohlt Verlag GmbH. Reinbek. 2008

Beyerlin, U.: Umweltvölkerrecht. München. 2000

Bild der Wissenschaft extra: Wetterwende. Leinfelden-Echterdingen. 2009

Birnie, P. W./Boyle, A. E.: International Law & The Environment. Oxford. 1992

BMWi et al. 2007: BMWi, BMU und BMBF. Entwicklungsstand und Perspektiven von CCS-Technologien in Deutschland – Gemeinsamer Bericht des BMWi, BMU und BMBF für die Bundesregierung. 2007

BMWi 2008 a: Bundesministerium für Wirtschaft und Technologie. 2008. Treibhausgas-Emissionen nach Gasen und Quellkategorien – Energiedaten Tabelle 10

BMWi 2008 b: Bundesministerium für Wirtschaft und Technologie. 2008. Endenergieverbrauch nach Anwendungsbereichen II Deutschland – Energiedaten Tabelle 7a

BWE 2004: BWE und Eurec Agency/Eurosolar WIP: Power for the World – A Common Concept. 2004

Der Spiegel: Das Zwei-Grad-Leben. Hamburg. November 2009

Der Spiegel: Kurbjuweit, Dirk und Schwägerl, Christian mit Röttgen, Norbert (Interview): »Die USA können nicht führen«. Hamburg. Dezember 2009

Desertec 2009: Desertec Foundation. Red Paper – Das Desertec Konzept im Überblick. 2009

Destatis 2008: Statistisches Bundesamt. Energieverbrauch der privaten Haushalte 1995 bis 2006. 2008

Destatis 2009: Statistisches Bundesamt. Personenbeförderung – Flug-Passagiere aus Deutschland nach Kontinenten. http://www.destatis.de/jetspeed/portal/cms/Sites/destatis/Internet/DE/Content/Statistiken/Verkehr/Personenbefoerderung/Tabellen/Content75/Flugpassagiere,te mplateId=renderPrint.psml. Besucht am 31.12.2009

EU 2009: Europäische Union, 2009: Kommission erlässt vier Ökodesign-Verordnungen mit einem Einsparpotenzial, das dem kombinierten Stromverbrauch Österreichs und Schwedens entspricht. Pressemitteilung vom 22.07.2009. Abrufbar unter http://europa.eu/rapid/pressReleasesAction.do?reference=IP/09/1179&format=HTML&aged=0&language=DE&guiLa nguage=en#footnote-2

Flannery, Tim: Wir Wettermacher. Wie die Menschen das Klima verändern und was das für unser Leben auf der Erde bedeutet. S. Fischer Verlag. Frankfurt a. M. 2006

Global Carbon Project 2009: Carbon Budget Highlights. Atmospheric CO2 Growth. Abrufbar von http://www.globalcarbonproject.org/carbonbudget/08/hl-full.htm#AtmosphericEmissions

Gore, Al: An inconvenient truth – the planetary emergency of global warming and what we can do about it. Rodale. Emmaus/New York. 2006

Greenpeace 2007: Greenpeace und European Renewable Energy Council (EREC). Globale Energie-[R]evolution – Ein Weg zu einer nachhaltigen Energie-Zukunft für die Welt. 2007

Haftendorn 2009: Auf dünnem Eis   Fragile Sicherheit in der Arktis. Helga Haftendorn. InternationalePolitik.de.   http://www.internationalepolitik.de/ip/exklusiv/view/1246352488.html. 2009

Hamburger Abendblatt: »Wir essen Erdöl«. Hamburg. August 2008

Hamburger Abendblatt: Land unter auch in Europa? Hamburg. November 2008

Hansen et al. 2006: Global Temperature Change. J. Hansen, M. Sato, and R. Ruedy, K. Lo, D. W. Lea, M. Medina-Elizade. Proceedings of the National Academy of Sciences. 2006

Hassol, Susan Joy: Der Arktis-Klima-Report – Die Auswirkungen der Erwärmung. Convent-Verlag GmbH, Kuden. 2005

IPCC 2001: Climate Change 2001: The Scientific Basis. Contribution of Working Group I to the Third Assessment Report of the Intergovernmental Panel on Climate Change (Houghton, J. T.; Y. Ding, D. J. Griggs, M. Noguer, P. J. van der Linden, X. Dai, K. Maskell, and C. A. Johnson [eds.]). Cambridge University Press, Cambridge, United Kingdom, and New York

IPCC 2002: Klimaänderung 2001: Syntheseberricht. A Contribution of Working Groups I, II, and III to the Third Assessment Report of the Intergovernmental Panel on Climate Change (Watson, R. T. and the Core Writing Team [eds.]). Bonn. 2002

IPCC 2007: Zusammenfassung für politische Entscheidungsträger. In: Klimaänderung 2007: Wissenschaftliche Grundlagen. Beitrag der Arbeitsgruppe I zum Vierten Sachstandsbericht des Zwischenstaatlichen Ausschusses für Klimaänderungen (IPCC) (IPCC a); Auswirkungen, Anpassung, Verwundbarkeiten. Beitrag der Arbeitsgruppe II (IPCC b); Vermeidung des Klimawandels. Beitrag der Arbeitsgruppe III (IPCC c); Mitigation. Contribution of Working Group II to the Fourth Assessment Report of the Intergovernmental Panel on Climate Change (IPCC d); Syntheseberricht. Contribution of Working Groups I, II and III to the Fourth Assessment Report of the Intergovernmental Panel on Climate Change (Core Writing Team, Pachauri, R. K. and Reisinger, A. [eds.]) (IPCC e), Solomon, S. , D. Qin, M. Manning, Z. Chen, M. Marquis, K. B. Averyt, M. Tignor und H. L. Miller, Eds., Cambridge University Press, Cambridge, United Kingdom und New York, NY, USA. Deutsche Übersetzung durch ProClim-, österreichisches Umweltbundesamt, deutsche IPCC-Koordinationsstelle, Bern/Wien/Berlin, 2007.

Kemfert, Claudia: Die andere Klima Zukunft – Innovation statt Depression. Murmann Verlag GmbH. Hamburg. 2008

Koch, H. J.: Umweltrecht. Neuwied. 2002

Latif, Mojib: Herausforderung Klimawandel – Was wir jetzt tun müssen. Wilhelm Heyne Verlag, München. 2007

McKinsey 2007: McKinsey & Company, 2007. Kosten und Potenziale der Vermeidung von Treibhausgasemissionen in Deutschland

Morrison, F. L./Wolfrum, R.: International, Regional and National Environmental Law. The Hague. 2000

NOAA o. J.: National Oceanic and Atmospheric Administration. Weyprecht's Inspiration. Abrufbar unter http://www.arctic.noaa.gov/aro/ipy-1/History.htm

Nordic Council of Ministers, 2008: Common Concern for the Arctic. Conference arranged by the Nordic Council of Ministers 9-10 September 2008. Ilulissat. Greenland

Rahmstorf, Stefan und Archer, David: The Climate Crisis. Cambridge University Press. 2010

Rahmstorf, Stefan und Schellnhuber, Hans Joachim: Der Klimawandel. Verlag C. H. Beck. München. 2006

Sands, P.: Principles of International Environmental Law. 2nd ed. Cambridge. 2003

Seidler, Christoph: Arktisches Monopoly – Der Kampf um die Rohstoffe der Polarregion. Deutsche Verlags-Anstalt. München. 2009

SRU 2009 a: Sachverständigenrat für Umweltfragen (SRU). Abscheidung, Transport und Speicherung von Kohlendioxid – Der Gesetzentwurf der Bundesregierung im Kontext der Energiedebatte – Stellungnahme. 2009

SRU 2009 b: Sachverständigenrat für Umweltfragen (SRU). Thesenpapier: Weichenstellungen für eine nachhaltige Stromversorgung. 2009

SZ 2009: Süddeutsche Zeitung vom 22.10.2009.

TAZ 2009: Die Tageszeitung (TAZ). Strom kostet weniger als nichts. http://www.taz.de/1/zukunft/wirtschaft/artikel/1/strom-kostet-weniger-als-nichts/ 29.12.2009

Tomm 2000: Arwed Tomm; Ökologisch planen und bauen: Das Handbuch für Architekten, Ingenieure, Bauherren, Studenten, Baufirmen, Behörden, Stadtplaner, Politiker. Ausgabe 3. Vieweg & Teubner. 2000

UBA 2007: Umweltbundesamt. Klimaschutz in Deutschland: 40-%-Senkung der CO_2-Emissionen bis 2020 gegenüber 1990. 2007

UBA 2009: Klimawandel und marine Ökosysteme: Meeresschutz ist Klimaschutz. Umweltbundesamt. 2009

Voss, Martin (Hg.): Der Klimawandel: Sozialwissenschaftliche Perspektiven. VS Verlag für Sozialwissenschaften. Wiesbaden. 2010

VWEW 2008: VWEW Energieverlag GmbH (Hrsg.), 2008. RWE Bau-Handbuch. 13. Ausgabe mit EnEV 2007. Frankfurt am Main

Walker, Gabrielle und King, David: Ganz heiß – Die Herausforderungen des Klimawandels. Berlin Verlag GmbH. Berlin. 2008

Witschel, Winkelmann, Tiroch, Wolfrum (Hg.): New Chances and Responsibilities in the Arctic Region. Berliner Wissenschaftsverlag. Berlin. 2010

Bildnachweis

AP images, Europe: S. 156/157. Archiv Arved Fuchs: S. 88/89. Arved Fuchs: S. 16/17, 18/19, 54, 58/59, 69, 70, 100/101, 112/113, 131, 146/147, 149, 164/165, 198, 209. Brigitte Ellerbrock: S. 22, 28/29, 108 u., 123, 132/133, 158/159, 197. Claudia Kemfert: S. 145. DESERTEC Foundation / www.desertec.org: S. 175. Emöke Kovač: S. 181. Helge Maas: S. 180 u. Helmut Seger: S. 128/129. Kai Meibaum: S. 120. Lucian Read: S. 110/111. Martin Varga: S. 186/187. NASA/Goddard Space Flight Center Scientific Visualation Studio, 2009: S. 116/117. Olav Hohmeyer: S. 180 o. Peter Fleischer: S. 134/135. Rüdiger Wolfrum: S. 211. Simone Ackermann / Germanwatch: S. 212. Stefan Rahmstorf: S. 77. Tobias Gerber: S. 182. Torsten Heller: S. 6/7, 10/11, 13, 14, 20, 21, 25, 32, 36, 37, 40/41, 45, 46/47, 49, 51, 56/57, 64/65, 67, 73, 78/79, 83, 85, 92/93, 98, 99, 105, 108 o., 109, 136, 139, 143, 150/151, 152, 153, 154, 160/161, 163, 166/167, 168/169, 170, 173, 178/179, 184, 189, 190, 191, 194/195, 201, 204/205, 216/217, 219, 222/223.

Leider konnten nicht alle Rechteinhaber der Fotos und Abbildungen ermittelt werden oder haben sich bisher gemeldet. Die Copyright-Angaben wurden nach bestem Gewissen erstellt. Eventuelle Ansprüche sind bitte an den Verlag zu richten.

Danksagung

Mein besonderer Dank gilt den Koautoren dieses Buches, die trotz einer sehr hohen beruflichen Belastung spontan bereit waren, an diesem Buch mitzuwirken. Ohne diese wissenschaftlich fundierten Beiträge hätte ich mich kaum an das Thema herangewagt.

Danken möchte ich auch dem Delius Klasing Verlag, dass er sich dieses Themas angenommen hat. Wie immer an dieser Stelle gilt zudem mein besonderer Dank der Lektorin Birgit Radebold, in der ich stets eine sehr engagierte und kritische Ansprechpartnerin gefunden habe!